全本名著·课程化阅读丛书

U0247205

# 寂静的春天

[美]蕾切尔·卡森◎著　　王晋华◎译

SPM
南方出版传媒
广东经济出版社

**图书在版编目（CIP）数据**

寂静的春天 /（美）蕾切尔·卡森著；王晋华译
. —广州：广东经济出版社，2020.10（2021.5 重印）
ISBN 978-7-5454-7398-8

Ⅰ．①寂… Ⅱ．①蕾… ②王… Ⅲ．①环境保护—青
少年读物 Ⅳ. ① X-49

中国版本图书馆 CIP 数据核字（2020）第 202402 号

责任编辑：周　炜
责任技编：陆俊帆
封面设计：阳光旭日

**寂静的春天**
JIJING DE CHUNTIAN

| 出 版 人 | 李　鹏 |
| --- | --- |
| 出　版发　行 | 广东经济出版社（广州市环市东路水荫路 11 号 11 ～ 12 楼） |
| 经　销 | 全国新华书店 |
| 印　刷 | 天宇万达印刷有限公司<br>（河北省衡水市故城县金宝大道东侧中兴路） |
| 开　本 | 690 毫米 ×960 毫米　1/16 |
| 印　张 | 14 |
| 字　数 | 211 千字 |
| 版　次 | 2020 年 10 月第 1 版 |
| 印　次 | 2021 年 5 月第 2 次 |
| 书　号 | ISBN 978-7-5454-7398-8 |
| 定　价 | 28.00 元 |

图书营销中心地址：广州市环市东路水荫路 11 号 11 楼
电话：（020）87393830　邮政编码 :510075
如发现印装质量问题，影响阅读，请与本社联系
广东经济出版社常年法律顾问：胡志海律师

# 前言

寂 静 的 春 天

　　书籍是屹立在时间的汪洋大海中的灯塔，而文学名著无疑是灯塔上那盏最闪亮耀眼的明灯。它历经千年淘洗，遗存华章，福及人类；它开启心智，滋润生命，塑造灵魂。它是一种文化底蕴，更是一种文化传承。

　　世界文学名著是经过时间检验、得到世界广泛关注和认可的文学样本，那些或平凡或伟大的故事里蕴藏着最高尚的思想和最真挚的情怀，是每个人不可或缺的精神养料。尤其对于处在人生成长阶段的中小学生，广泛阅读中外经典文学名著更是对其生长起着举足轻重的作用。教育部制定的《全日制义务教育语文课程标准》和《普通高中语文课程标准（2017年版2020年修订）》的基本精神，也是要培养新一代公民，使他们具备良好的人文素养和科学素养，拥有创新精神、合作精神和开阔的视野，提升他们包括阅读理解与表达交流在内的多方面的基本能力。

　　那么，如何调动学生的阅读兴趣，达到最佳的阅读效果，既能用名著唤醒青少年的灵性，点燃智慧之灯，又能兼顾他们学习的现实需要呢？我们秉着对学生高度负责的态度，精心选取了数十个世界经典名著书目，并对这些图书进行了市场综合考察及调研。我们发现，只有将阅读和写作以及语文知识的积累结合起来，才能真正达到既能满足学生考试的需要，又能提高学生文学素养的目的。为了实现以上目标，我们特别邀请了国内教育界权威专家和众多中小学语文特级教师编写了本套书，奉献给广大中小学生。

本书在传统名著阅读文本的基础上，加入了多个辅助性阅读版块。除了文前的"走近作者""作品导读""主题思想""写作特色"等提纲挈领、高屋建瓴式的阅读集讯外，还针对每本书的不同特点设置了正文的评点批注、艺术特色的综合鉴赏、相关知识链接等，又从应试的角度专门设置了文后"回顾训练"以及考试真题和最新模拟试题以供学生练习，达到巩固阅读效果的目的。

本套书所选篇目经典，版本权威，体例科学，评点精彩。我们相信，它一定能够成为广大中小学生的良师益友，为学生文学素养的提升打下坚实的基础，带他们畅游更多彩的艺术世界。

# 阅读集讯

## 走近作者

**蕾切尔·卡森**（1907—1964），曾是鱼类与野生动物管理局的一名海洋生物学家。她写的《寂静的春天》出版时，有人形容她是歇斯底里的、极端的女人，因为她触及了那些从破坏环境中获利的人们的利益。人们说她"煽情"，嫌弃她是"引发这一切的妇女"，可是毋庸置疑而又令人为她感到自豪的是，在她之前，公共政策里还从没出现过"环境"这样的词汇。

她出生在美国宾夕法尼亚州的斯普林代尔小镇，那里的自然风光，不仅陶冶了她的文学情怀，让她成为一个爱写诗的人，而且培养了她对大自然、对野生动物的浓厚兴趣，也因此影响了她对大学专业的选择。

大二时，她转而主修动物学，1932年，她以优异的成绩获得了约翰·霍布金斯大学的动物学硕士学位，1935年到1952年，她供职于鱼类与野生动物管理局，这让她有机会接触到许多环境问题。1941年，她的第一部著作《海风下》出版；1952年，《环绕我们的海洋》出版，同年获得美国国家图书奖；1955年，《海洋的边缘》出版，1956年再次获得美国国家图书奖提名。这三部著作组成了人们所熟知的"海洋三部曲"。

1952年，卡森离职，1962年，她完成了《寂静的春天》一书，这部书对社会产生重大影响，书中她向"科学"提出了挑战，把"自然的平衡"拉进了人们的视野，不仅仅是在环保领域，更是在其他领域，引发了人们更深层次的思考。正如美国前副总统阿尔·戈尔所说：蕾切尔·卡森证明了"思想的力量比政治家的力量更为强大"。

蕾切尔·卡森是一种声音，一种力量，她应该让更多人听到，也更应该成为我们的需要。

1958年1月，卡森的朋友奥尔加·哈金丝给她写了一封信，告诉她DDT（化学名为双对氯苯基三氯乙烷，是有机氯类杀虫剂）杀死了鸟类，她生活的地方已经变得毫无生机，这使得卡森的思绪回到了她一直关注的问题上来。她决定写一本书，反映有关DDT杀虫剂以及其他杀虫剂和化学品造成的污染问题。她清楚地知道她所要面临的阻力，所以她很谨慎地用词，对《寂静的春天》里的每一段话负责。完成这本书两年后，她因乳腺癌去世，而这种疾病被证实和接触有毒化学品有关。

在这本书的一开始，她设想了一个可怕的场景：一个和谐的城镇突然出现了许多怪异的现象，死亡无处不在，一种神秘的寂静弥漫在空气中。鸟儿飞不起来了，田野、树林和沼泽都湮没在一片沉寂之中。鸡蛋孵不出小鸡，没有蜜蜂，苹果花无法授粉，小溪里所有的鱼都死了。

人类利用"科学"控制自然，而不与自然融合，过度使用杀虫剂造成了"死亡之河"。

作者提到，使用化学药品的整个过程就像一个无尽的螺旋上升的气团。自从DDT允许使用以来，随着更多有毒物质的不断出现，一个不断升级的过程开始了。昆虫通过进化产生了抗药性，而人们会发明一种药性更强的药品，昆虫再次适应后，人们又生产一种毒性更大的毒药。这样下去，化学战争不可能取胜，而所有的生命都在残酷而猛烈的炮火下遭殃。这些化学药品会危害人类、污染水源、破坏土壤，有些物质的破坏力量令人难以置信——它们在动植物的组织里积累，甚至渗入生殖细胞中，损坏或者改变决定未来形态的遗传物质。

作者在最后指出了另一条路：我们需要通过一些全新的、富有想象力和创造力的方法来解决我们与其他生物共享地球的问题，只有充分考虑各种生命的力量，并谨慎地引导向有利于人类的方向发展，我们与昆虫才能和谐共存。总之，我们不能再紧随着人类无暇他顾的步伐疾步向前，我们最好的办法是跟着大自然的脚步从容前进。

## 主题思想

本书主要讨论了DDT以及其他杀虫剂和化学品的使用造成的日益严重、不易察觉的污染问题，这些内容表现了作者理性的思考和热切的希望，提出了放弃杀虫剂、除草剂等化学农药，改用生物控制的方法来改善我们的生态环境的意见。

## 写作特色

本书数据准确翔实，事例生动具体，情感丰盈充沛，语言优美简洁，阐述了发人深省的生态哲思，读来有趣，给人教益。如开篇虚设了一个在美国和世界其他地方都可以很容易地找到上千个这种翻版的城镇，进行了细致的描写，让读者如身临其境般感受到可怕的灾难的降临。再如比喻修辞的使用，把植物比作"水、土壤和地球的绿色斗篷"，把鸟类比作"大自然本身的卫兵和警察"等，语言生动形象。文章还引用神话故事或童话故事说明事理，比如用希腊神话中女巫美狄亚具有魔力的长袍和格林童话中有毒的森林来说明"内吸传导性杀虫剂"等。

# 目录

寂 静 的 春 天

第一章

DIYIZHANG

# 明天的寓言 [精读]

人类生活在鸟语花香、花红柳绿的世界里，可是一旦这些消失了，你将怎么面对？这不是危言耸听。这样的世界正在逼近我们，或已逼近我们。这一章作者就给我们描绘了这一景象。

从前，在美国中部的一个城镇里，一切生物的生长与它们的环境都很和谐。城镇周围有许多充满了生机的农场，田野里长满谷物，山坡上遍地果树。春天，繁花像朵朵白云点缀在绿油油的大地上。秋天，穿过松林的屏风，橡树、枫树和白桦随风摇曳，发出火焰般的暖色。狐狸在山丘中叫着，鹿儿静静穿过原野，在秋晨的薄雾中若隐若现。[1]

沿途的月桂树、荚蒾（mí）、桤（qī）木以及巨大的蕨类植物和野花在一年中的大部分时间里都让人目悦神怡。即使在冬季，道路旁边也是美不胜收。数不清的鸟儿赶来啄食浆果和雪地里探出头的干草穗头。[2]事实上，这里正是因为鸟类丰富、数量繁多而远近闻名，每当潮水般的候鸟飞落到这里，人们便长途跋涉，前来观赏。清爽明净的小溪从山间流出，形成了有绿荫掩映、鳟鱼戏水的池塘，供人们垂钓捕鱼。所以，很多年前首批居民就来到这

◎ 写作分析

[1]准确使用"点缀""发出""穿过"等词语，再现了大自然丰富多彩、充满生机的景色。

◎ 阅读理解

[2]环境清幽、静谧，吸引着小鸟常来觅食，画面充满诗意。

1

里筑房打井、修建粮仓。

突然之间，整个城镇出现了许多怪异的现象，一切都在改变着。邪恶的咒语降临这个城镇：神秘的疾病席卷了鸡群，牛羊成群病倒、死掉，死神的阴影无处不在。农夫们诉说着家人的疾病。城里的医生对患者新生的疾病感到困惑和无奈。人们会突然、莫名其妙地死去，不仅是成人，甚至就连孩子也会在玩耍时突然患病，在几个小时内死去。

一种神秘的寂静弥漫在空气中。鸟儿都去哪儿了？很多人都在迷惑、不安地问着。常有鸟群飞来啄食的后院已变得冷清。在一些地方仅能见到几只奄奄一息的鸟儿，它们索索地抖着，已经飞不起来。这是一个无声的春天。[1]在这里的清晨，曾经飘荡着旅鸫、嘲鸫、鸽子、松鸦、鹪（jiāo）鹩（liáo）以及很多其他鸟儿的啭鸣，现在却没有一丝声响。周围的田野、树林和沼泽都湮没在一片沉寂之中。

农场上的母鸡在孵蛋，却没有小鸡破壳而出。农夫们都在抱怨无法养猪了——新生的猪仔太小，而且小猪也活不过几天。苹果树的花儿开了，但是花丛中却不见蜜蜂嗡嗡地飞来飞去。所以，苹果花无法授粉，也就不会有果实。小路旁边的景色曾经那么招人喜爱，如今立在那儿的却只有焦黄、打蔫的植物了，就像经历了一场大火。这些地方都失去了生机，一片死寂。甚至连小溪也无法幸免。钓鱼的人再也不来了，因为所有的鱼都死了。

在屋檐下的水槽里和房顶的瓦片之间，隐约还能看出敷着一层白色的粉粒。几个星期之前，这种白色粉粒像雪一样落在房顶、草坪、田野和小溪里。这个世界变得伤痕累累，可这施害的不是魔法，也不是什么天敌，而是人类自己。[2]

这个城镇是我假设的，但是可以轻易找到千百个这样

◎ 阅读理解
[1]"无声"准确地概括了深受农药之害的春天景象的特点——骇人的死寂。

◎ 写作分析
[2]"不是……也不是……而是……"，这样的句式把批评的矛头指向了人类。始作俑者，其无后乎？人类正在承受着破坏自然的恶果。

的环境正在遭到破坏的城镇。我知道，并没有哪个城镇遭受过我所描述的所有灾难。但在有些地方，上面列举的一些灾祸实际上已经出现了。很多地方已经发生了很多的不幸。人们没有意识到，一个面目狰狞的幽灵已向我们袭来。人们应该知道，我想象出的这一悲剧有可能变成赤裸裸的现实。那么，是什么让无数个城镇的春天沉寂下来的呢？本书将尝试着予以解答。[1]

# 美文赏析

　　这一章以细腻生动的笔触描写了美国中部的一个城镇的环境变化，从和谐、充满生机、如诗如画到怪异现象出现、死寂气氛弥漫，前后鲜明的对比骇人听闻、令人深思。不过作者说"这个城镇是我假设的"，却又说"可以轻易找到千百个这样的环境正在遭到破坏的城镇"；"并没有哪个城镇遭受过我所描述的所有灾难"，却又"在有些地方，上面列举的一些灾祸实际上已经出现了。很多地方已经发生了很多的不幸"。这些说法有些自相矛盾，似乎有所顾虑，是什么使作者欲言又止呢？作者说，"一个面目狰狞的幽灵已向我们袭来"。这个"幽灵"不只是指遭受破坏的自然吧？恐怕更是指那些破坏自然、不知觉悟、欲盖弥彰的人类吧？

## 回顾训练

　　1.指出下面句子使用的修辞手法。
　　（1）春天，繁花像朵朵白云点缀在绿油油的大地上。　　（　　　　）
　　（2）神秘的疾病席卷了鸡群，牛羊成群病倒、死掉，死神的阴影无处不在。　　（　　　　）
　　（3）小路旁边的景色曾经那么招人喜爱，如今立在那儿的却只有焦黄、打蔫的植物了，就像经历了一场大火。　　（　　　　）

　　2.填空。
　　（1）即使在冬季，道路旁边也是_____。
　　（2）周围的田野、树林和沼泽都湮没在一片_____之中。

　　3.作者为什么没有开篇就点明所描绘的美国中部的一个城镇的景象是想象之景呢？

# 忍耐的义务[精读]

这一章作者站在生命历史的高度上谈人类对环境的破坏，特别指出农药的危害，充满了震撼人心的思想力量。可以说，这是作者为人类鸣响的警钟，是作者为现代环保运动吹响的进军号角。

◎ 阅读理解

[1]当时，第二次世界大战已经使人们清醒地认识到核力量的可怕，而化学药品却因其大大提高了农作物的产量，正为人们所推崇、赞美，人们没有意识到化学药品的危害。在这一时代背景下，作者提出这一问题，充分显示了作者深刻的洞察力和非凡的勇气。

在地球上生命的进化过程中，生物和环境相互作用。在很大程度上，地球上动植物的自然形态和生活习性都是由环境塑造的。就地球存在的整个时间而言，生命改造环境的反作用是微不足道的，直到出现了一个新物种——人类，尤其是到了20世纪，生命才获得了改造自然的巨大力量。在过去四分之一的世纪里，这种能力不仅增长到了令人不安的程度，而且有了本质上的变化。相比起来，最令人担忧的是人类对环境的侵袭。空气、土地、河流和海洋都受到了严重的甚至致命的污染，这种污染在很大程度上是难以恢复的，它所引起的一连串的负面效应在很大程度上是不可逆转的，它们不仅出现在孕育生命的外部世界，而且进入生物的内部组织。在对环境的普遍污染中，化学药品危害很大，甚至与辐射不相上下，只是我们知之甚少。[1]在核爆炸中所释放的锶-90，会随着雨水或以飞尘的形式降落到地面，进入土壤，然后被草、谷物和小麦吸收，最终在人的骨骼中安营扎寨，直至其死亡。同样，喷洒在农田、森林和花园的农药，长期存在于土壤里，然后进入生物体内，引起动植物的中毒和死亡，并在食物链中不断迁移；或者在地下水中潜伏游荡，等它们再度出现时，通过空气和阳光的作用，会结合形成新的化合物。这种新物质会毁坏植被，导致动物患病，并且在不知不觉中给那些曾经长期饮用井水的人们造成伤害。正如阿尔伯特·施韦泽所说："人们甚至还不认识自己创造出的魔鬼。"[1]

地球上物种的进化和演变经历了亿万年的时间，在这一过程中，它们逐渐适应了周围的环境，并与之和谐相处。自然环境中包含着各种有利和不利的因素，极大地影响着生物的形态，并指引着生物进化的方向。某些岩石会释放出有害的辐射；就连给予生命能量的阳光，也包含着伤害生命的短波辐射。生物的进化与自然的平衡所需要的时间不是一年两年，而是上千年。时间是最基本的要素，但在当今的世界里找不出充裕的时间，各种变化和新情况，都紧随着人类无暇他顾的步伐疾步向前，而不是跟着大自然的脚步从容行进。

远在地球生命出现之前，辐射就早已存在了，它遍布于放射性岩石、宇宙射线爆炸和太阳紫外线之中。当今的辐射主要源于原子试验的人工研究。生命在做出调整的过程中所遇到的化学物质再也不是从岩石里冲刷出来和由河流带到大海里的钙、硅、铜以及其他无机物了，它们是实验室里创造的别出心裁的人工合成物，而这些物质在自然界中是无法产生的。

适应这些化学物质所需要的时间要以自然历史的维

◎ 阅读理解

[1]农药的毒性会随食物链转移到人体内，会通过地下水伤害人类。人类使用农药增大农作物产量的私心，违背了自然法则，破坏了生态平衡。人类对环境的破坏会反噬人类自己。

◎ 阅读理解

[1]人们观察、思考与表述某事物的"思维角度"，简称"维度"。本段是从自然历史的角度说明污染破坏的严重性。

◎ 阅读理解

[2]人类这种可怕的力量所导致的环境污染不仅侵入生物赖以生存的世界，更为严重的是还侵入生物组织之中，改变了生物的根本性质。

◎ 阅读理解

[3]化学药品是导致这一致命污染的元凶之一。人类与昆虫之间应互相尊重、和谐相处。人类不要因一己之利而企图用非自然手段（使用化学药品）对昆虫赶尽杀绝，这样只会让昆虫产生抗药性，对人类进行反噬，最终害了自己。

度来衡量，它耗费的不是一代人的时间，而是几代人的生命。[1]即使发生奇迹，使适应变得可行，结果也是徒劳的，因为新的化学物质就像源源不断的溪流从我们的实验室里喷涌而出。单就美国而言，每年大约就有五百种新的化学物质进入应用领域。这么多的数量令人震惊，但其危害却不是显而易见的——人和动物的身体每年都要去适应这五百种新的化学物质，这远远超出了生物体所承受的极限。[2]

这些化学物质大多用在人类对大自然的征服过程中。从19世纪40年代中期以来，人们创造了二百多种基本的化学药品，用于杀死昆虫、野草、啮齿动物和被俗称为"害虫"的其他生物。这些化学药品的商标数量高达上千种。这些喷剂、药粉和气雾剂被广泛用于各个农场、森林、果园和家庭。这些化学药品威力巨大，昆虫无论"好坏"，一律格杀勿论。就是它们让鸟儿的歌声沉寂，让河里的鱼儿悄无声息，给树叶蒙上一层致命的薄膜，并长期滞留在土壤中——人们原本的目的可能仅仅是杀死几种杂草和昆虫。又有谁会相信在地球上投下化学烟幕弹，不会给所有的生命造成危害呢？它们不应该叫作"杀虫剂"，理应称为"杀生剂"。使用化学药品的整个过程就像一个无尽的螺旋上升的气团。自从DDT允许使用以来，随着更多有毒物质的不断出现，一个不断升级的过程便开始了。因为昆虫成功地证明了达尔文适者生存理论的正确性，它们通过进化产生了抗药性，因此，人们会发明一种药性更强的药品，昆虫再适应，然后人们又生产一种毒性更大的毒药。其原因后面有所解释，在喷洒药物之后，害虫常常会卷土重来或者死而复生，数量甚至比以前更多。这样下去，化学战争不可能取胜，而所有的生命都在残酷而猛烈的炮火下遭殃。[3]

人类除了有可能被核战争所毁灭之外，如今还面临一个中心问题，那就是对整个环境的污染，有些物质的破坏力量令人难以置信——它们在动植物的组织里积累，甚至渗入生殖细胞中，损坏或者改变决定未来形态的遗传物质。[1]

一些自称人类未来工程师的人们，期望有一天可以改变甚至设计我们的遗传细胞。但是由于我们的疏忽大意，今天就可以轻易地做到这一点，因为很多化学药品跟辐射一样，能够轻易地导致基因突变。表面上一件微不足道的小事，诸如选择一种杀虫剂就可能会决定人类的未来，这样一想，不免觉得讽刺。

冒这么大的风险，为的是什么呢？将来的历史学家也许会为我们权衡利弊的低下判断力感到惊奇。智力发达的人类怎么会为了控制几种不需要的生物，宁可污染整个环境，并给自身带来疾病和死亡的威胁呢？然而，这恰恰是我们做的！有时候我们对问题还没有搞清楚就已经开始行动了。[2]

我们说杀虫剂的广泛使用是维持农场产量所必需的。然而问题不正是"生产过剩"吗？虽然采取了措施减少农作物的耕地面积，并且付钱给农民，不让他们耕作，我们生产的过剩粮食还是到了令人咋舌的地步，美国仅在1962年一年之内用于存贮粮食方面的税收就超过十亿美元！农业部的一个部门试图减少生产，另一个部门却如同它在1958年所做的那样唱起了反调，"一般情况下，在土地银行的规定下，耕地面积减少，为了在现有土地上获得最大产量，人们会使用更多的化学农药"。这样的话，能解决问题吗？

也不是说昆虫不是问题或者不需要进行控制。我的意

◎ 阅读理解

[1]把化学药品的污染与核辐射的污染相提并论，突出强调了化学药品污染的严重危害性，甚至影响人类的繁衍，不可不重视。

◎ 阅读理解

[2]从历史的角度揭示这种行为的荒谬性。生物不是天生由人类来控制的，有时人类所做的总是颠倒了黑白、是非，取小利而损大益，最终会损伤自己。更悲哀的是，我们察觉不到这样的做法在未来产生的恶果。在利益诱惑下，不愿思考，利令智昏，只愿先下手为强，这是不明智的做法。

思是，控制必须结合实际，不能基于毫无根据的臆想，也不要使用那些连同我们跟害虫一起毁灭的方法。

在尝试解决问题的过程中，产生了一系列灾难，这也是我们现代生活的产物。在人类出现的很久以前，昆虫就是地球上的居民了。它们种类繁多、适应力强。人类出现以来，五十多万种昆虫中的一小部分，主要以两种方式与人类的利益相冲突：一是争夺食物；二是传播疾病。在人口拥挤的地方，传播疾病的昆虫就会发威。例如在暴发自然灾害、发生战争或是极端贫困的情况下，卫生状况很差，这时对一些昆虫进行控制就非常必要。我们应该清醒地认识到，化学药品的大量使用仅取得了很有限的成功，我们本打算用这种方法改善状况，却可能使情况变得更加糟糕。[1]

在原始农业条件下，昆虫不是问题。这个问题是伴随着农业的规模化生产而出现的——在大面积的土地上种植同一种作物。这样的耕作方法为某种昆虫数量的增加提供了有利条件。这种耕种方式只是工程师想象中的农业模式，并不符合自然规律。大自然赋予大地多样性，但人们却热衷于简化它。这样，人类亲手毁坏了自然界中业已存在的制约和平衡机制，大自然中的生物之所以维持在一定数量，就是因为它的存在。大自然对每种生物适宜的栖息地都做了一定的限制。很明显，一种食麦昆虫在麦田的繁殖速度要比在套种其他作物的农田的快得多，因为这种昆虫不适应其他作物。[2]

其他情况下也发生过类似的事情。在上一代人或更久以前，美国大城镇的街道两旁都种了榆树。而现在，他们满怀希望所创造的美丽风景却遭受着完全毁灭的风险，因为某种由甲虫传播的疾病席卷了所有的榆树。如果栽种多

◎ 阅读理解

[1]在这里提出了使用化学药品的必要前提，那就是在发生自然灾害、战争、极端贫困的情况下，卫生条件极差时才可以使用化学药品；而在别的地方使用则是一种自私、不清醒的表现。"杀敌一万，自伤三千"，得不偿失。

◎ 阅读理解

[2]原始农业过度的人为控制较少，耕种者顺从自然的规律和约束，耕作便比较有序、和谐。人类将农业进行规模化生产后，必然有增产的诉求，农作物一增产必然出现相应的昆虫。人类脱离自然、简化自然，也就有了害虫、益虫之分，进而会想到消灭害虫来增产。而大自然的运作并不以人的意志为转移，大自然对每种生物都有限制、约束和平衡。人类发明化学药品来灭虫的做法，只会适得其反。

种植物的话，甲虫就不可能泛滥成灾了。

现代昆虫问题的另一个方面必须要放在地质学和人类历史的背景中思考：成千上万不同种类的生物从自己的领地不断蔓延至新的区域。英国生态学家查尔斯·埃尔顿在其最新著作《入侵生态学》中对世界性的大迁徙进行了研究和生动的描述。在亿万年前的白垩（è）纪，肆虐的海水切断了很多大陆桥，各种生物被困在埃尔顿所称的"巨大的独立自然保护区"内。它们与同类的伙伴被隔绝开来，慢慢进化出了许多新的物种。[1]大约在一千五百万年以前，当一些大陆被重新连接后，这些物种开始迁移到新的地区。这一运动现在仍在进行，而且得到了人类的大力协助。

植物的进口是当今物种传播的主要途径，因为动物总是一成不变地追随着植物迁徙。检疫手段虽然很新，但是并不完全有效。仅美国植物引进署就从世界各地引进了大约二十万种植物、大约一百八十种植物害虫，其中一半左右的害虫是意外地从国外带进来的，而大多数是搭植物的便车进来的。

在新的领地，由于它们缺乏天敌，入侵的动植物可能不受限制，因此会泛滥成灾。所以，我们面临的最麻烦的昆虫问题，并不是偶然的。这些入侵活动，不管是自然发生的，还是我们人类造成的，可能会无休止地进行下去。检疫和化学之战仅仅是花钱买时间玩。我们所面临的情况正如埃尔顿博士所说，"我们需要的不仅仅是抑制某种动植物的新技术"；重要的是，我们需要掌握动物种群与环境的关系以促进生态平衡，抑制昆虫的增多，并且防止它们入侵。[2]

很多必备知识唾手可得，但我们不用。我们在大学里

◎ 写作分析

[1]同一物种因地质环境的不同，进化的方法也不同，进化的种类也千差万别。

◎ 阅读理解

[2]动植物没有天敌，必然疯狂发展，威胁到人类安全。检疫和化学之战不能从根本上解决问题。人类是自然的产物，但对自然有一定的反作用，需要运用自身掌握的自然技术和自然知识来抑制动植物的过分增长，从而保护自身。

9

培养生态学家，甚至雇他们来政府部门工作，却把他们的话当作耳旁风。我们任凭致命的化学药剂像下雨似的任意喷洒，仿佛别无他法。事实上，只要提供机会，凭我们的聪明才智可以很快发现很多其他办法。

我们是否被催眠了，失去了判断好坏的能力，进而不得不接受低劣有害的东西呢？用生态学家保罗·舍帕德的话来说："我们刚把头探出水面就觉得心满意足，却不知环境的崩溃近在咫尺……为什么我们要对有毒的食物保持缄（jiān）默，要忍受周围的孤寂，并纵容他人与并非真正敌人的'老相识'开战，还要忍耐快要使人发疯的机器轰鸣声？又有谁愿意生活在这样一个死气沉沉的世界上呢？"

然而，这就是我们所面对的世界。创造一个无菌、无虫害的世界激起了一部分专家和大多数所谓管理机构的极大热情。无论从哪方面看，那些忙着推广农药的人们都在滥用权力。康涅狄格州的昆虫学家尼利·蒂默说道："负责监管的昆虫学家扮演着起诉人、法官和陪审、估税员、税务员和司法官员等多种角色，来发号施令。"[1]

我并不是说完全不能使用化学杀虫剂。我要指出的是，我们随意地把毒性很强和对生物影响巨大的化学药剂交给那些对此知之甚少或者一无所知的人们。我们没有经过人们的同意，也没有告知他们其中的危害，就让这么多人接触到了这些毒药。[2]《权利法案》中没有规定：公民有权不受致命毒药的威胁，不管来自个人，还是来自政府官员。这是因为，纵使我们的先辈们智慧过人，具有远见卓识，也无法预料这样的问题。

此外，我还要强调一点，我们很少或从未调查化学药品对土壤、水、野生动物以及人类自身的影响之前，就允

◎ 阅读理解

[1]指出应用昆虫学以"控制大自然"的心态来对付害虫，最终导致对地球生态的破坏。这些话显示了作者对滥用化学药品现象的强烈不满，反映出作者对这种对待生命赖以生存的整个自然的草率态度的深刻忧虑和深重关切。

◎ 阅读理解

[2]应把化学药剂的毒性和对生物的影响告诉人们，他们有知情权。不了解其毒性，人们就对其没有感觉，就会随意使用而不顾及什么。宣传不到位，对"我们"来说，是工作上的不彻底，也是对大自然的一种不负责任的表现，应当改正。

许它们投入使用。由于我们不够谨慎，对滋养万物的整个自然世界未能给予足够关切，将来，子孙可能不会原谅我们的所作所为。人们对于威胁的实质认识有限。这是一个专家的时代，每个人只看到自己的问题，而意识不到或者不愿意把它放在更加宏观的层面。这也是一个工业主宰一切的时代，为了赚钱不计代价的风气到处肆虐。[1]

当人们抓住一些杀虫剂造成破坏的确凿证据而起来抗议时，政府就会给他们喂下镇定药，成分是一半真相一半谎言。我们迫切需要尽快结束这份虚假的承诺，不要再为丑恶的事实包裹糖衣。灭虫人员所造成的危害正在由公众承担。只有在了解到事实的真相之后，人们才能而且必须做出决定是否沿着这条路走下去。正如吉恩·罗斯坦德所言："忍耐的义务给予了我们了解真相的权利。"

◎ **阅读理解**

[1] "为了赚钱不计代价"，这是问题的根本。如果再美其名曰"经济行为"，那就为害更深了。

## 美文赏析

生物和环境的关系，是以人类的出现为分野的。人类有着改造自然的巨大力量。这种力量改变着人类生存的环境，特别是化学药品的使用，给人类自己埋下了巨大的祸患，是人类向自己发起的化学战争，而其中有许多是完全可以避免的。作者用翔实的内容、严密的逻辑告诉了人们事态的严重性，为人类鸣响了警钟，也为现代环保运动吹响了进军的号角。

## 回顾训练

1. 联系这一章，请谈一谈你对"寂静的春天"的理解。

2. 在这一章中，作者使用了对比手法，请结合文章简要分析。

第三章

DISANZHANG

# 死神之药

　　化学药品自投入使用以来已经传遍了世界各个角落，它们的残留物危害着动物，更危害着人类自己，甚至酿成了一桩桩惨案。那么，这些化学药品是怎么危害人们的呢？这一章作者运用朴素的语言，通过一个个典型的例子形象地为我们说明了化学药品的危害，令人触目惊心，同时也让我们对化学药品的危害过程有了初步的了解。

　　每个人从出生到死亡，每天都不得不接触危险的化学药品，这在世界历史上还是头一遭。自投入使用以来不到二十年的时间里，杀虫剂传遍了世界各个角落，大部分主要水系，甚至连看不见的地下水都含有药物残留。十几年前使用过的化学药品仍然会残留在土壤中，它们已经侵入了鱼类、鸟类、爬行动物、家畜以及其他野生动物的体内，在科学家进行的动物实验中，没有发现不受其影响的动物。在偏远的山涧湖泊的鱼儿体内、在土壤中蠕动的蚯蚓体内、在鸟蛋里，甚至在人的身体里都发现了化学药品的身影。如今，无论男女老少，大部分人体内都有化学残留物。它们会出现在母亲的奶水中，而且有可能侵入胎儿的机体组织。

　　所有这一切，都是因为具有杀虫特性的人造化工的突然崛起和迅猛扩张。这种工业是第二次世界大战的产物。在研制化学武器的过程中，人们发现实验室中的一些化学药品可以杀死昆虫。这一发现绝非偶然，因为昆虫曾被普遍用来试验，当了人类的替死鬼。结果，人类源源不断地生产合成杀虫剂。在制造过程中，科学家巧妙地操控分子、代替原子，改变它们的排列，这些是战前简单的杀虫剂所无法比拟的。这些化学药品的原料——砷、铜、锰、锌以及其他的化合物，都取自天然的矿物和植物：干菊花做的驱虫粉、烟草类中的尼古丁硫酸盐、东印度群岛豆科植物中的鱼藤酮等。

新型合成杀虫剂之所以与众不同，是因为它们对生物影响巨大。它们的威力不仅在于毒性大，还在于它们可以破坏人体最关键的生理过程，引起病变并导致人类死亡。如我们所知，它们摧毁了保护人类免受伤害的酶，妨碍人类获取能量的氧化过程，破坏各器官的本来功能，还可能引起细胞发生慢性的不可逆变化，导致恶性肿瘤的出现。然而，每年还会有新的、更多的致命化学药品问世，也出现了新的用途，所以全世界都在与这些药物亲密接触。1947年，美国合成杀虫剂的产量为五千六百万千克，到了1960年，这一数字飙升到二亿九千万千克，增长了五倍多。这些产品批发总价超过二亿五千万美元。但是，从化学工业的计划和远景看来，这仅仅是开始。

因此，杀虫剂应该引起我们每个人的重视。如果我们与它们密不可分，我们的饮用水以及食物中，甚至骨髓里都有它们的身影，那么，我们最好了解一下它们的特性和药力。尽管第二次世界大战标志着杀虫剂从无机化合物转向奇妙的碳分子世界，但是仍然有少数原料物质得以保留。其中主要物质之一就是砷，它仍是除草剂和杀虫剂的主要成分。砷的毒性很强，广泛分布于各种金属矿石中，少量存在于火山、海洋和温泉中。它与人类关系复杂，渊源颇深。因为很多砷化物是无味的，所以从波吉亚家族起，人类就选择用它来杀人。大约早在两个世纪之前，一位英国医师已经发现，烟囱灰中含有的砷与一些芳香烃一样可以使人致癌。长期以来，砷引起的人类慢性中毒事例是有案可查的。日常环境中的砷污染也会导致马、牛、羊、猪、鹿、鱼、蜜蜂等动物患病或死亡。即便如此，砷雾剂和药粉仍在广泛使用。长期使用砷药粉的农民患上了慢性砷中毒，牲畜也因含砷的喷剂和除草剂而中毒。喷洒在蓝莓地里的砷药粉飘落在附近的农田里，污染了溪流，最终使蜜蜂和奶牛中毒，并导致人类得病。"我们国家对砷污染不管不顾的做法，简直到了极端的地步……"环境致癌权威机构——国家癌症研究所的W.C.休伯说，"任何人只要见过工人使用喷粉机和喷雾器的工作状态，就一定会被他们处理这些有毒物质的随意态度所震惊。"

现代杀虫剂更加致命。大部分药剂可以划归为两个化学品门类：一类是以DDT为代表的"氯化烃"；另一类是包含各种有机磷的杀虫剂，以较为常见的马拉硫磷和对硫磷为代表。它们都有一个共同点，如前文所提到的，它们都是以碳原子为基础的，这是生物不可或缺的基本成分，因而被称为"有机物"。要了解它们，我们必须明白它们是什么以及如何制成的。尽管与构成生物的化学物质相似，它们还是被改造成了死神的先锋官。

碳原子可以任意地与链、环或其他结构中的碳原子互相结合，并无限地继续下去，也可以与其他物质的原子相结合。事实上，从细菌到巨大的蓝鲸，自然界中令人叹为观止的生物多样性正是源于碳的这种特性。复杂的蛋白质分子就是以碳原子为基本成分的，如脂肪、碳水化合物、酶、维生素等。很多非生物也是如此，因为碳并不代表生命。一些化合物只是碳氢的简单组合，其中最简单的是甲烷（又称沼气），它是自然界中水下有机物经细菌分解产生的。甲烷与一定比例的空气混合，就会变成煤矿中可怕的"瓦斯"。甲烷的结构极其简单，由一个碳原子和四个氢原子组成：

化学家们发现，可以去掉一个或者全部的氢原子，用其他原子替换。例如，用一个氯原子代替一个氢原子，可以制成氯化甲烷：

$$H - C - H$$

用三个氯原子替换三个氢原子，可以制成麻醉氯仿：

$$
\begin{array}{c}
H \\
| \\
Cl - H - Cl \\
| \\
Cl
\end{array}
$$

把所有的氢原子都替换成氯原子，就会生成最常见的清洁剂——四氯化碳：

$$
\begin{array}{c}
Cl \\
| \\
Cl - C - Cl \\
| \\
Cl
\end{array}
$$

简单来说，这些围绕甲烷分子的基本变化说明了氯化烃的构成。但是，这种简单的说明与烃的真正复杂性，或者与有机化学家创造各种材料的丰富手段相去甚远。除了单一碳原子的甲烷外，他们还能够改变许多碳原子组成的碳水化合物分子。这些碳原子呈环状或链状，还有侧链和分支。连接它们的化学键不仅仅是氢原子和氯原子，还有各种化学群。看似微不足道的变化，足以完全改变物质的特性。例如，不但附着的元素很关键，就连附着的位置都至关重要。如此精巧的操控催生了一系列杀伤力巨大的毒药。

一位德国化学家在1847年首次合成了DDT。但是直到1939年，人们才发现它具有杀虫的特性。随即，DDT被誉为害虫的终结者，可以一夜之间铲除害虫，帮农民打赢战争。瑞士人保罗·穆勒因为发现了DDT的杀虫功效而获得了诺贝尔奖。现在，DDT被人们广为使用。大部分人认为这是一种常见的无害产品。这一印象可能源于战争时期，成千上万的士兵、难民和囚犯在身上涂抹DDT来对付虱子。这么多人都在亲密接触DDT，而没有产生直接的危害，所以，人们普遍相信这种化学品肯定是安全的。这样的认识倒也可以理解，与其他氯化物不同，干粉DDT不容易透过皮肤而被吸收。溶于油的话，DDT一定有毒，人们通常也是这么认为的。如果吞食了DDT，它会通过食道被慢慢吸收，还可能通过肺吸收。它一旦进入人体，就会存留在富含脂肪的器官里（因为DDT本身溶于油脂），例如：肾上腺、睾丸、甲状腺。相当多一部分DDT会滞留在肝、肾以及包裹着肠膜的脂肪里。

可以想象，DDT在体内的存量从最小的摄入量（残留于大多数食物中），直至达到很高水平，脂肪就像仓库一样，起着生物放大器的作用。因此食物中千万分之一的微小摄入量，会在体内积累到百万分之十到百万分之十五，增加一百多倍。这些数据在化学家或药物学家的眼里稀松平常，但我们大部分人却对此知之不多。百万分之一，听起来很小，也确实很小。但是，这些化学药品药效惊人，极小的量足以引起巨大变化。动物实验发现，百万分之三的量就可以抑制心肌中一种重要酶的作用；百万分之五就会引起肝细胞的坏死或衰变。而百万分之二点五的狄氏剂和氯丹效果是一样的。这并不令人诧异，在正常人体中化学物质的细微差别就能导致结果的巨大差异。例如，万分之二克的碘就足以决定人的健康与疾病。由于少量的杀虫剂是逐渐积累的，而且排泄过程十分缓慢，因此肝脏以及其他器官的慢性中毒和退化病变是真实存在的。

关于人的体内会存留多少DDT，科学界还没有统一认识。食品与药物管理局主任、药物学家阿诺德·莱曼博士说，因为DDT的吸收不存在下限，也没有上限，所以，不管多少都会吸收。而美国公共卫生署的维兰德·海耶斯却认为，每个人的体内都会有一个平衡点，超过这个限度，DDT就会排泄出来。实际上，谁的观点正确并不重要。我们已经对DDT在人体中的残留情况进行了充分的调查，并且了解到普通人体内的DDT残留具有潜在危害。各项研究表明，没有直接接触的人（不可避免的饮食除外）平均残留量为百万分之五点三到百万分之七点四；从事农业劳动的人为百万分之十七点一；杀虫剂工厂里工人的数值居然高达百万分之六百四十八！可见人体残留药物的含量变化幅度很大。更重要的是，即使最小的数值也已经超过了肝脏、其他器官和组织的承受能力。

DDT以及同类化学药品最危险的一个特征是，它们可以通过食物链从一个有机体内转移到另一个有机体内。例如，在苜（mù）蓿（xu）地喷洒了DDT，然后把苜蓿喂给母鸡吃，母鸡下的蛋中也会含有DDT。或者，用含有百万分之七到百万分之八的DDT的干草喂养奶牛，牛奶中就会含有大约百万分之三的DDT，但是在牛奶制成的黄油中，其浓度会骤升至百万分之六十五。通过这样的传导过程，本来很少量的DDT，最后会达到很高的浓度。虽然食品与药物管理局禁止州际贸易中的牛奶有农药残留，但是如今，农民们很难找到未受污染的饲料来喂养奶牛了。

毒素还可以从母亲身上传给子女。食品与药物管理局的科学家们已经从人奶取样中检测出了农药成分。这意味着婴儿在母乳喂养的时候，也在不断地吸收、积蓄有毒的化学毒素。然而，这绝不是小孩子第一次接触有毒化学物质，有充分的理由相信，他在胚胎时期就已经开始"吸毒"了。动物实验表明，氯化氢农药可以毫不费力地穿过胎盘壁垒，而胎盘正是胚胎与母体之间阻挡有害物质的保护层。虽然婴儿通过这种方式吸收的有毒物质比较少，但却不容忽视，因为孩子比大人更容易中毒。这就意味着，普通人从一出生就吸收有毒物质，并在以后的生命里不断累积。

所有的事实——即使人体内积累的毒素很少，但是加上之后的累积，正常饮食中化学残留物也会对肝脏造成各种损伤，促使食品与药物管理局早在1950年就宣布："DDT潜在的危害极有可能被低估了。"医学史上类似的情况绝无仅有，没人知道最终的结果是怎样的……

另一种氯化烃——氯丹，不仅具有DDT所有令人讨厌的性质，还拥有一些个别的特性。其残留物会在土壤、食物或施用过氯丹的物体表面长期滞留。它无孔不入，可以通过皮肤渗入，还会以喷雾或粉末的形式被人吸入。如果吞食了氯丹残留物，理所当然地会被消化道吸收。与其他氯化烃一样，氯丹也会在体内慢慢累积。动物实验表明，一次进食包含百万分之二点五的氯丹，最终在动物脂肪中会增加到百万分之七十五。经验丰富的药物学家莱曼博士曾在1950年称，"氯丹是毒性最强的杀虫剂之一，任何接触过的人都可能中毒"。对于这个警告，谁也不当回事，郊区的居民依然我行我素，随意使用氯丹配制杀虫剂，并慷慨地喷洒在自家的草坪上。他们没有立即患病并没有任何说服力，因为毒素可以在他们体内潜伏很久，直到几个月或几年后才突然发病。但那个时候病因已经不可能查清了。另外，死神也可能突然降临。一位受害者不小心把一种百分之二十五的工业溶液洒到皮肤上，四十分钟内就出现了中毒迹象，还没来得及抢救就死了。指望通过提前警告使中毒事件得到及时处理是靠不住的。

氯丹的成分之一——七氯，在市场上作为一种单独的制剂出售，它极易被脂肪吸收贮存。如果饮食中包含百万分之一的七氯，体内就会积聚起大量毒素。此外，它还可以神奇地变换成另一种不同性质的物质——环氧七氯。这样的变化在土壤中以及动植物组织中都会发生。鸟类药物实验表明，这种转变产生的环氧化物比七氯的毒性更强，而七氯的毒性已经是氯丹的四倍了。

　　早在20世纪30年代中期，人们便发现了一类特殊的烃类——氯化萘。在工作中直接接触氯化萘的人会得肝炎，这也是一种罕见的、难以治愈的致命疾病。它能导致从事电气工业的工人患病，甚至死亡。最近，人们认为它导致了农户的牛群得上了奇怪的致命疾病。鉴于这些先例，不难理解，毒性最强的三种杀虫剂是与这类烃相关的狄氏剂、艾氏剂和安德萘。

　　狄氏剂是一种以一位德国化学家狄尔斯的名字命名的杀虫剂。吞食狄氏剂的话，它的毒性是DDT的五倍，但是狄氏剂溶液通过皮肤吸收后，其毒性相当于DDT的四十倍。狄氏剂臭名昭著，因为它使人快速发病，并攻击受害者的神经系统，使患者出现抽搐等症状。中毒的人恢复过程十分缓慢，足以证明其危害的持续时间很长。与其他氯化烃一样，这些损害也包括对肝脏的严重损伤。尽管它的使用会大规模地毁灭野生动物，但是由于药效持久、杀虫功效显著，狄氏剂成为应用最广的杀虫剂之一。鹌鹑和环颈雉的实验证明，狄氏剂的毒性是DDT的四十到五十倍。

　　狄氏剂是如何在体内贮存、分布和排泄的，我们不甚了解。因为化学家们创造杀虫剂的才能远在我们的认识之上，而这些化学药品对生物体的影响，我们还没怎么弄清楚。然而，种种迹象表明，药物残留会长期存留于人体内，像休眠的火山一样，当人产生生理压力消耗大量脂肪时，它们就会突然发作。我们所知道的信息，大都来自世界卫生组织进行的艰苦的抗疟运动。在疟疾防治中，自从狄氏剂取代DDT后（因为蚊子已经对DDT产生了抗药性），喷药人员开始出现中毒现象。病症发作非常剧烈，一半甚至全部的中毒者（因工作情况，病症各异）发生了痉挛，一些人会死去，一些人在接触药物四个月之后才出现抽搐现象。

　　艾氏剂是蒙着一层面纱的物质，略显神秘。因为它虽然作为独立的个体而存在，但又因其变化而与狄氏剂紧密相关。如果一片萝卜地使用了艾氏剂，这里的萝卜便会有狄氏剂残留。这种变化能在机体组织里发生，也能在土壤里发生。这种神奇的变化已经导致了许多错误的报告。因为化学家要检测的目标是艾氏剂，所以他认为残留物已经消失了。实际上，残留物已经变成了狄氏剂，因而需要其他的检测方法。

跟狄氏剂一样，艾氏剂也有剧毒，会引起肾脏和肝脏的退化病变。一片阿司匹林大小的剂量，足以杀死四百多只鹌鹑。很多人类中毒的案例已经出现，其中大多数与工业接触有关。

与很多同类杀虫剂一样，艾氏剂给未来投下了一层可怕的阴影——不孕症。野鸡吃下很小剂量的艾氏剂不会死去，下蛋量却大大减少，而且孵出的小鸡不久便会死去。这种影响不局限于禽类。接触艾氏剂的母鼠，怀孕次数也会减少，而且幼鼠多病短命。使用艾氏剂治疗的母狗，产下的小狗三天就死了。这些动物的后代都因为这样或那样的原因而受难，原因就是父母体内的毒素。没人知道，同样的悲剧是否会发生在人类身上。但是，这种化学药品已经通过飞机洒向了郊区和农田。

安德萘是所有氯化烃中毒性最强的一种物质。虽然化学性质与狄氏剂关系紧密，分子结构的细微变化使它的毒性相当于狄氏剂的五倍。此类杀虫剂的始祖——DDT的毒性与安德萘相比，可以算得上是无毒无害了。安德萘对哺乳动物的毒性是DDT的十五倍，对鱼类是三十倍，对于一些鸟类则高达三百倍。在投入使用的十年中，安德萘毒死了不计其数的鱼类；漫步在果园的牛也会身中剧毒；井水也被污染了。至少有一个州的卫生部门发出警告：盲目使用安德萘已经威胁到人类的健康了。

下面这一起最悲惨的中毒事件中，并没有出现明显的疏忽，因为已经采取了足够的预防措施。一个一岁的美国小男孩跟着父母搬到了委内瑞拉。他们的新家里发现了蟑螂，所以，几天后他们使用了含有安德萘的喷剂。大约在早上九点，在开始喷药之前，孩子和小狗都被带到了屋外。喷药过后，父母又清洗了一遍地板。下午的时候，孩子和小狗才被带回到屋里。大约一小时后，小狗开始呕吐、抽搐，最后死去。当天晚上十点左右，孩子也开始呕吐、抽搐，失去知觉。与安德萘致命的接触，使这个本来健康的正常孩子变成了植物人——看不见、听不到，肌肉频繁痉挛，完全与世界隔绝开来。在纽约一家医院里经过几个月的治疗，也没能改善小孩的状况或带来一丝改善的希望。主治医师说："出现有效恢复的机会非常渺茫……"

第二大类杀虫剂——烷基或有机磷酸盐，可跻身于毒性最强的化学药品之列。与其应用伴随的是急性中毒。喷药作业或者碰巧接触到漂浮的飞沫，以及喷洒过药剂的蔬菜和丢弃的药剂容器都有危险。在佛罗里达州，两个小孩找到一只空袋子，用它来修补秋千。不久，他们便死去了，另外三个小玩伴也病倒了。原来，这只袋子曾用来装一种叫作对硫磷的杀虫剂，这是一种有机磷酸盐。经检验证实，两个孩子死于对硫磷中毒。还有一次，威斯康星州的一对小表兄弟在同一天晚上相继死去，其中一个孩子在自己家的院子里玩耍时，农药飘进了院子，因为当时他的父亲在附近的田地里给土豆喷洒对硫磷；另一个小孩跟着自己的父亲跑进谷仓玩耍，并用手抓了一下喷雾器的喷嘴。

这些杀虫剂多少都具有讽刺意味。虽然一些化学物质——有机磷酸酯，人类早已熟知，但是直到20世纪30年代末，才由德国化学家格哈德·施瑞德发现其杀虫功效。德国政府立刻意识到，这些化学品可以作为新的强大武器在战争中对付敌人，于是，宣布研究这些化学品的工作为重要机密。一些化学物质被制成了神经毒气，另一些结构相似的则被制成了杀虫剂。

有机磷杀虫剂以一种独特的方式作用于生物体，它们可以破坏在人体中起重要作用的酶。不论受害者是昆虫还是温血动物，它们要攻击的目标是神经系统。正常情况下，神经脉冲借助一种叫作乙酰胆碱的"化学传导器"在神经间传递。这种物质完成必要的任务后就会消失。实际上，它的存在非常短暂，以至于医学研究人员需要经过特殊处理才可能在其遭受破坏之前完成取样。这种短暂的化学传导正是身体所必需的。一次神经脉冲通过后，如果不及时消除乙酰胆碱，脉冲就会继续在神经间飞速穿梭。因为这种物质对身体产生的作用会变得越来越强，所以整个身体会变得不协调——颤抖、抽搐，紧接着死亡。

我们的身体已经为此做好了准备。有一种叫胆碱酯酶的保护性酶，在不需要传导物质的时候就将乙酰胆碱消除。我们的身体通过这种方式实现了一种精确的平衡，因而不会因积累过多的乙酰胆碱而产生危险。但是一接触到有机磷杀虫剂，保护性酶就会被破坏。酶的减少导致乙酰胆碱逐渐积蓄。从作用上看，有机磷化合物与一种毒蘑菇里发现的生物碱——毒蝇碱很相似。重复接触会降低胆碱酯酶的含量，直至走向急性中毒的边缘，再增加一点的话就可能中毒。所以，对喷药人员和经常与之接触的人定期进行血液检查是必要的。对硫磷是一种使用最为广泛的有机磷酸酯之一，也是毒性最强、最危险的。蜜蜂在接触它之后，会变得"焦躁而好斗"，并做出近似疯狂的举动，半个小时内就会死亡。一位化学家想用最直接的方式弄清楚人类急性中毒的剂量。他吞下了少量的对硫磷，大约一百二十毫克，结果马上就瘫痪了，甚至来不及够到早已备好、放在手边的解毒剂，就这样死去了。

据说，在芬兰，对硫磷是最受欢迎的自杀工具。近年来，加利福尼亚每年大约有二百例意外中毒事件。世界各地，由对硫磷引起的中毒死亡率也令人震惊。1958年，印度发生一百起中毒事件，叙利亚出现六十七例。在日本，平均每年有三百三十六人因中毒而死。如今，美国的农田和果园每年要消耗约三百二十万千克对硫磷。有的使用手动喷雾器，有的使用电动鼓风机和喷粉器，还有的用飞机作业。一位医学界的权威人士说，单单加利福尼亚农场的对硫磷喷洒量"就可以毁灭全球人类五到十次"。

在一种情况下，我们也许会幸免于难，因为对硫磷及其同类化学物质分解速度较快。因此，与氯化烃相比，它在庄稼上的残留时间比较短。然而，即使较短的时间也足以造成伤害，引发严重后果，甚至死亡。在加利福尼亚里弗赛德市，在三十个采橘人中，有十一人中毒严重，除了一人外，全部被送往医院救治。他们的症状就是典型的对硫磷中毒症状。大约两个半星期之前，这片果园喷洒过农药。在十六至十九天之后，药物残留仍然能给他们带来干呕、视力下降、半昏迷状态等痛苦。这并不是残留时间最长的纪录。一个月前喷过农药的果园里也发生过同样的悲剧。还有，使用标准剂量六个月后，橘子皮中仍然会发现药物残留。

田地、果园、葡萄园里喷洒的有机磷农药对工人的健康造成极大的威胁，所以一些州设立了实验室，帮助医生们进行诊断和治疗。如果医生们在救助中毒患者的时候，不戴橡胶手套，也会面临一定的风险。给患者洗衣服的女工也可能吸收足量的对硫磷而中毒。

马拉硫磷是另一种有机磷酸酯，差不多与DDT一样广为人知，广泛应用于园林防治、家庭灭害和消灭蚊虫以及对昆虫铺天盖地的全方位攻击等行动，例如：佛罗里达州的居民在将近四千平方千米的土地上喷洒马拉硫磷，以消灭一种地中海果蝇。人们认为它是同类化学品中毒性最小的，而且很多人觉得它没有什么危害，可以放心地使用。广告也鼓励这种随意的态度。马拉硫磷的"安全"依据根本不靠谱，不过这一点是在其投入使用几年后才发现的，很多情况也是如此。马拉硫磷之所以"安全"，是因为哺乳动物的肝脏有强大的保护功能，能够消除其危害。解毒是由肝脏中一种酶完成的。但是，如果这种酶遭到破坏，或作用过程受到干扰，接触马拉硫磷的人就不得不承受全部的毒素了。

不幸的是，类似的事情经常发生。几年前，食品和药物管理局的一个科学小组发现，马拉硫磷和其他有机磷酸酯同时使用会产生巨大的毒性，是两种物质毒性相加的五十倍。换言之，两种物质致死量各取百分之一，结合后可以产生致命的毒性。

这一发现促使人们研究其他组合。现在人们知道，很多有机磷酸酯组合是非常危险的，因为混合以后毒性会增强。一种化合物破坏了另一种化合物解毒的酶之后，混合物的毒性大增。这两种化合物不一定要同时出现。如果一个人这一周喷洒了这种杀虫剂，下一周再使用另一种的话，便会有中毒的危险。施用过农药的农产品被人们食用后也会有危险。普通的一碗沙拉很可能含有不同有机磷酸酯农药的组合，法定允许的农药残留也可能会发生反应。

虽然我们对各种化学品相互作用的危险不甚了解，但是科学实验室令人担忧的发现却屡见不鲜（经常看见，并不新奇）。其中一项发现认为，使一种有机磷酸酯毒性增强的不一定是杀虫剂。例如，一种增塑剂在增强马拉硫磷毒性方面可能要优于杀虫剂，这是因为它能够抑制肝脏中可以"拔掉杀虫剂毒牙"的酶。

那么，人类生产的其他化学品之间又是怎样的呢？尤其是药物，是什么情况呢？关于这方面的研究才刚刚起步，但是我们已经知道，一些有机磷酸酯（如对硫磷和马拉硫磷），会使一些肌肉松弛的药剂毒性更强，其他几种有机磷酸酯（包括马拉硫磷）会明显延长巴比妥酸盐的休眠时间。

在古希腊神话中，女巫美狄亚因自己的丈夫伊阿宋移情别恋而勃然大怒，因此，她送给伊阿宋的新欢一条施了魔法的长袍。新娘子穿上长袍后随即暴毙。如今，这种间接死亡找到了它的对应物——"内吸传导性杀虫剂"。这些化学药品具有特殊性质，它们可以把植物或动物变成有毒的"美狄亚长袍"。这样做的目的是杀死前来侵犯的昆虫，尤其是吸食植物汁液和动物血液的昆虫。

内吸传导性杀虫剂的奇异世界不可思议，超出了格林兄弟的想象，可能接近于查尔斯·亚当斯的漫画世界。在这个世界里，魔幻的森林变成了有毒的树木，昆虫咀嚼树叶或吸食植物汁液后必死无疑。跳蚤因为吸食狗的血液而死，因为狗的血液里有毒；昆虫因为接触植物散发的蒸汽而死亡；蜜蜂会带着有毒的花蜜回巢，因而酿出的蜂蜜含有剧毒。

应用昆虫学领域的研究人员在自然界获得启示：他们发现在含有硒酸钠的麦田里，小麦对于蚜虫和红蜘蛛的攻击具有免疫作用，由此，激发了昆虫学家研发内吸传导性杀虫剂的想法。硒是一种自然生成的元素，少量存在于世界上的岩石和土壤里，是第一种内吸传导性杀虫剂。所谓内吸传导性杀虫剂，就是渗透进植物或动物体内各个组织并使之毒化的农药。一些氯化烃类化学药剂以及有机磷类化学品具备这种属性，它们都是人工合成的。一些自然生成的物质也具备这种属性。然而，在实际应用中，大部分内吸传导性杀虫剂使用的是有机磷类药物，因为其残留相对较少。

内吸传导性杀虫剂还会以迂回的方式发生作用。通过浸泡或与碳混合的包衣剂，它们的药力会延伸到下一代植物体内，长出的幼苗会毒死蚜虫和其他吮吸类昆虫。类似豌豆、蚕豆、甜菜等蔬菜就是这样进行保护的。带有内吸式包衣剂的棉花籽在加利福尼亚已经种植了一段时间。1959年，加利福尼亚州圣华金河谷的二十五个农场工人在种植棉花时突然发病，因为他们触摸过包衣种子的袋子。

在英格兰，有人想知道蜜蜂在经内吸传导性杀虫剂处理过的植物上采蜜会出现什么情况。于是人们在喷洒过八甲磷药物的地区进行了调查。虽然农药是在开花之前喷洒的，生产的花蜜仍然有毒。果然，不出所料，蜜蜂酿的蜂蜜也被八甲磷污染了。

动物内吸剂主要用来控制牛蛆——牲畜身上的一种有害的寄生虫。为了在动物血液和组织中发挥作用而不产生致命的毒性，使用时必须加倍小心。这种平衡极其微妙，而政府机构的兽医们也已经发现，反复的小剂量用药会逐渐耗尽动物体内的保护性胆碱酯酶。因此，如果不进行事前警告，极小的过量使用也可能导致中毒。

很多有力的证据表明，与我们生活更密切的领域正逐步放开。如今，你可以给你的狗喂一片药，据说，这种药可以使狗的血液有毒，进而消除虱子的困扰。发生在牛群中的危害可能会发生在狗身上。就目前来看，还没有人建议研制人类内吸药物来对付蚊子。也许，这就是下一步将要发生的……

到目前为止，本章一直在讨论人类跟昆虫做斗争中使用的致命化学物质。那么，我们与野草的战争又是怎样的呢？人们想快速而简便地除掉不需要的植物，催生了一批叫作除莠剂的化学品，或者称作除草剂。关于这些药剂是如何使用以及如何误用的，将在第六章进行讲述。现在我们关心的是，除草剂是否有毒，它的兴起是否加剧了环境污染。

除草剂只对植物有毒、对动物没有危害的说法广为流传，但是不幸的是，这种观点是错误的。除草剂中的化学成分，对动植物都会产生影响。它们对生物体的作用大小不一，有的是一般毒药；有的是新陈代谢的强力刺激物，会使动物体温升高而死亡；有的可以单独起作用，也可以跟其他化学品共同作用，引发恶性肿瘤；有的会导致基因变异，进而破坏遗传物质。所以，除草剂和杀虫剂一样，包含一些非常危险的物质。如果错误地认为它们是"安全的"而滥用除草剂，将会带来灾难性的后果。

尽管新的化学药品从实验室里不断冒出，砷化合物还是在杀虫剂（如上文所提）和除草剂中广泛使用。它们通常以亚砷酸钠的形式出现。历史上砷化合物的使用也不让人放心。用作路旁除草剂时，它们毒死了很多奶牛，还杀死了难以计数的野生动物。

大约在1951年，英国开始在马铃薯地里使用含砷农药，因为先前用于烧掉马铃薯的硫酸出现了短缺。农业部认为，有必要对进入喷过含砷农药田地的牲畜加以警示，但是牲畜看不懂这样的警示（同样地，野生动物和鸟类也看不懂）。关于牲畜因含砷农药中毒的报道不绝于耳，直到一个农夫的妻子因喝了砷污染的水中毒死亡后，英国一些大型化学公司于1959年就停止生产含砷农药，并召回了经销商手中的存货。不久后，农业部宣布，由于亚砷酸盐对人类和牲畜造成严重威胁，决定限制其使用。1961年，澳大利亚政府也出台了类似的禁令。然而，美国却没有相同规定来限制这些毒药的使用。

有的二硝基化合物也被用作除草剂。在美国，它们被列入了同类药物中最危险的名单。二硝基酚是一种强力新陈代谢刺激物。因此，人们曾经把它当作减肥药来使用，但是瘦身剂量与中毒或致死剂量差别太小。所以，在停药之前，一些病人死去了，还有很多人遭受了永久性伤害。一种相关的化学物质——五氯苯酚，有时称作"五氯酚"，既用作除草剂，又用作杀虫剂，常喷洒于铁路沿线和荒地里。五氯酚对很多生物毒性都很强，从细菌到人类都在它的影响范围之内。跟二硝基化合物一样，它会干扰人类身体的能量来源，通常是致命的，受到影响的生物几乎是耗尽了自己的生命。

最近，加利福尼亚卫生署报告的一起死亡案例证明了它的可怕毒性。一名油罐车司机正在用柴油和五氯苯酚配制棉花脱叶剂。在他从大桶里抽出这种浓缩化学品时，塞子意外地掉进了桶里，他赤手把塞子捞出来。虽然他立即洗了手，但还是急性中毒，第二天就死了。

诸如亚砷酸钠或苯酚类除草剂造成的后果大都显而易见，而另外一些除草剂的影响却潜伏难觅。例如，现在流行的红莓除草剂——氨基三唑（俗称除草强），被认为毒性相对较轻。但是，从长远来看，它有引发甲状腺恶性肿瘤的可能，对野生动物和人类的影响更大。在各种除草剂中，有一些属于"突变剂"，也就是说能够改变遗传物质——基因。我们会因辐射导致基因变化而深感震惊。那么，对于无处不在的化学农药所造成的同样后果，我们又怎能漠不关心呢？

# 第四章
DISIZHANG

## 陆地之水 [精读]

"水是生命之源"，可是人类却面临着缺水的窘况，而且即使这有限的水资源也正承受着化学药品的侵袭，危害着人类的生存。读了本章，你会认识到水资源受污染的严重状况和人类将遭受的巨大损失，也会更真切地明白"保护水资源，就是保护人类自己"。

◎ **写作分析**

[1]说明人类水资源短缺的状况。点明水资源是人类基本的生存条件，为下文进一步说明水污染的危害做铺垫。

在所有的自然资源中，水已经变成了最宝贵的资源。地球表面大部分被海水覆盖着，然而身处海洋包围的我们仍然缺水。这种奇怪的悖论（逻辑学上指可以同时推导或证明两个互相矛盾的命题的命题或理论体系）是因为海水中含有大量的海盐，地球上的大部分水源不适合农业、工业或人类使用。因此，地球上大部分人口不是正面临着，就是将要面临严重的水资源短缺。[1]在这个时代，人类已经忘记了自己的先祖，看不到生存的基本需要，水资源以及其他资源已经变成了人类冷漠态度的牺牲品。

我们只能把杀虫剂对水资源的污染作为人类对环境污染的一个部分来理解。水资源污染的来源有很多种：核反应堆、实验室以及医院排放的放射性废弃物；核爆炸的放射性尘埃；城镇家庭垃圾；工厂排出的化学废料；等等。

现在，又增添了一种新的沉降物——施用在农田、花园、森林以及原野的化学药剂。许多化学药剂再现并超越了辐射的危害。而且，这些化学药剂本身就存在危险的不为人知的反应和转化以及危害效应的叠加。[1]

自从化学家开始研制自然界从未出现的化学物质起，水质净化的问题就逐渐复杂起来，用户面临的危险也逐渐增加。[2]如我们所知，合成化学物质的大量生产始于20世纪40年代。如今生产规模声势浩大，每天都会有大量的化学污染物倾入国内的河流。这些化学物质与生活垃圾以及其他废弃物混合，进入同一水域后，净化厂平时用的普通方法已经无法检测出它们的行踪。许多化学物非常稳定，普通的处理方法无法使其分解，甚至常常无法识别它们。大量污染物在河流中结合、淤积，以至于卫生工程师也只能绝望地称之为"黏性物质"。麻省理工学院的罗尔夫·伊莱亚森教授在一次国会委员会上表示，预测这些化学物质的合成效应或识别混合而成的有机物是不可能的。伊莱亚森教授说："我们根本不知道它们是什么以及对人类有什么影响。我们什么都不知道。"

用于控制昆虫、啮齿动物或者杂草的各种化学品正不断地加剧有机污染物的生成。其中，有一些故意用于水体，以消除植物、昆虫幼虫或不想要的鱼类。还有一些是森林中喷洒过的农药。为了对付一种害虫，他们会在一个州一万二千平方千米的森林上喷洒农药，这时农药会直接汇入溪流，或穿过树冠落在林中的土地上。紧接着，农药会随着渗出的水分一起，开始了前往大海的漫漫旅程。喷洒于农田的用来对付昆虫和啮齿动物的二百万千克左右的农药，可能会借助雨水离开地面，被冲进河水中，最终奔向大海，大量残留于水中。[3]

◎ 写作分析

[1]拿化学药剂对水资源的污染和辐射污染对比，说明化学药剂危害的严重性。

◎ 写作分析

[2]紧承上文，说明水受到污染，但净化水质难度很大，特别是化学物质和生活垃圾等混合后，更难以识别。本欲净化水质而研制化学物质，现在却适得其反，水质净化越来越复杂。水质本净，是人性不净，致使本净的水变得不净，危机就从中产生了。

◎ 阅读理解

[3]"杀鸡焉用牛刀？"对付一种害虫，何必如此兴师动众，何必如此杀众生而后快？不懂得科学处理，任意妄为，不惧后果，令人痛心、汗颜。农药所产生的连锁反应，令人生畏，隐患一旦扩大，人们想控制都控制不住了。

27

有确凿的证据表明，在河流甚至自来水中，这些化学物质随处可见。例如，在宾夕法尼亚州的一片果园中取得的饮用水样在鱼身上做实验，发现水样所含的杀虫剂足以在四个小时内将用于实验的鱼全部杀死。从一片喷洒过农药的棉田流过的河流，经过净化厂处理后，仍可以杀死鱼类。使用过毒杀芬（一种氯化烃）的径流，杀死了亚拉巴马州田纳西河的十五条支流里的所有鱼，其中有两条支流是当地城市的饮用水源。使用杀虫剂一周后，水仍然有毒，因为在河流下游放置了水箱，里面养的金鱼每天都会有死亡的。[1]

这种污染踪影难觅，不易发现。只有当鱼群成百上千地死去的时候，人们才会觉察；但多数情况下，根本检测不出来。检查水质的化学家尚未对这些有机污染物进行定期检查，也不可能清除它们。但是，无论检测结果怎样，杀虫剂依然存在。而且，跟大规模施用于地表的其他物质一样，它们已经进入美国的一些主要河流，甚至全部。[2]

我们的水域几乎全被杀虫剂污染了，持怀疑态度的人应该研究一下美国鱼类与野生动物管理局在1960年发表的一份报告。这个部门进行了一项研究，旨在调查鱼类是否像哺乳动物一样会在体内贮存杀虫剂。第一批样品取自西部森林地区。为了控制云杉蚜虫，那里喷洒了大面积的DDT。实验结果显示，全部鱼类体内均含有DDT。当调查人员将结果与喷洒农药地区四十八千米之外的一条小溪做对比时，才有了真正的重大发现。[3]这条小溪处在取样地区的上游，中间隔着一条很高的瀑布。这里并没有喷洒过农药。然而，这里的鱼还是检测出含有DDT。化学物质是通过隐匿的地下河流到达这条小溪的吗？还是通过空气传播，降落在溪水表面？在另一项对比调查中，在一个鱼类产卵区，鱼的体内组织中也发现了DDT。这里的水来自一口深井。这个地方同样没有使用过农药。看来，污染的唯一途径与地下水有关。[1]

在全部水污染问题中，没有什么能比大面积的地下水被污染更令人担忧的了。无论任何地方，在水中使用杀虫剂必定会污染水质。大自然不会在封闭和相互分离的区间运行，水的循环过程也是如此。雨水落在地面，通过土壤的细孔和岩石的缝隙渗入地下，并不断深入，直至一个所有缝隙都充满水的地方。那里是一个黑暗的地下海洋，起于山下，没于谷底。这种地下水总是在不停运动着，有时候很慢，一年移动不到十五米；有时候很快，一天之内移动一百六十米。它在看不见的水系里流动，直到在某地以泉水的形式冒出地面，或者被引进一口井里，但大部分会补给到溪流与河水中。除直接进入河流的雨水和地表径流外，所有在地表流动的水都曾是地下水。因此，可以毫不夸张地说，地下水污染就等于全部水污染，这是极其可怕的。[2]

科罗拉多一家工厂排出的有毒化学物质，一定经过了这样黑暗的地下海洋，到达了几千米以外的一片农田，污染了那里的井水，使人类和牲畜得病，并破坏了庄稼。这样离奇的事情有了第一次，相似的事件就会接连发生。简言之，水污染的历史就是这样的。1943年，位于丹佛附近的军用化工集团落基山兵工厂开始生产军需物资。八年后，兵工厂的设备租给了一家私人石油公司生产杀虫剂。然而在开始生产农药之前，怪事接二连三发生，几千米之外的农民不断报告牲畜患上了奇怪的疾病，并抱怨大片庄稼遭到严重毁坏。树叶变黄，植物不再生长，很多作物全部死去。人类患病的消息也传出，有人认为这些事与兵工厂有关。

◎ 写作分析
[1]由上面的事例推出地下水受到了污染。这将更令人担忧，下文即说明这个问题。

◎ 阅读理解
[2]自然界里的水不是封闭的，而是开放的、流动的，一部分受到污染，必然影响整体。一切地表水的源头都是地下水，地下水污染相当于水的源头受到了污染，这是极为致命的危害，直接危及人类的身体健康。

◎ 阅读理解

[1]水污染不一定在当时当地体现，而是具有流动性和延续性。若不及时发现、及时制止，早晚必受其害。

◎ 阅读理解

[2]"最离奇、影响最深远"进一步说明这次水污染的特点，表现了除草剂2.4-D的危害深重和与众不同。

这些农场的灌溉用水取自很浅的井水。经过检验（1959年，几个州与联邦的机构参与了这项调查），发现井水中含有多种化学残留物。落基山兵工厂在生产期间，往水池中排放了多种化学物质，包括氯化物、氯酸盐、磷酸盐、氟化物和砷。很明显，兵工厂与农场之间的水被污染了，从工厂的水池到最近的农场大约有五千米，这些废弃物经过了七到八年的时间到达那里。[1]这种渗透还将会继续，而污染的面积不得而知。调查人员没有任何办法来控制污染或阻止它前进。

一切已经够糟的了，但是最离奇、影响最深远的是，一些井水中和兵工厂的蓄水池中出现了除草剂2.4-D。[2]当然，它的发现足以解释灌溉用水对庄稼造成的破坏。但奇怪的是，兵工厂从未生产过2.4-D除草剂。经过长期细致的研究，兵工厂的化学家认为，2.4-D是在露天蓄水池中自发形成的。它是由兵工厂排出的其他物质合成的；并没有化学家的参与，蓄水池在空气、水、阳光的作用下，变成了一个化学实验室，并生成了一种新的化学物质。它可以杀死接触到的任何植物。

因此，科罗拉多农场以及被毁庄稼的故事超出了地区的界限，具有了更广泛的意义。其他地方又会怎样呢？不只是科罗拉多，任何受了化学污染的公共水域会是怎样的状况呢？在空气和阳光的催化下，湖泊和溪流中那些贴着"无害"标签的化学物质会生成哪种危险物质呢？

的确，水资源化学污染最令人担忧的是，不论在河流、湖泊、水库，还是你餐桌上的一杯水中，都会有合成的化学物质。负责任的化学家不会在自己的实验室里合成这样的物质。这些自由混合的化学物质之间可能的反应，让美国公共卫生署的官员恐慌不已。他们担心毒性相对较小的物质会大规模地转化为有害物质。化学反应也许会在两种或多种化学物质之间发生，也许会在化学物质与放射性废弃物之间产生，而后一种正源源不断地排入河流之中。在游离辐射的作用下，原子很容易重新排列，进而改变其化学性质，引发不可预计、无法控制的后果。[1]当然，不只是地下水受到污染，地表水（溪水、河流、灌溉用水）同样未能幸免。同在加利福尼亚州的图利湖与南克拉玛斯湖国家野生动物保护区，地表水的污染正在逐渐加重，形势令人担忧。包括俄勒冈州边上的北克拉玛斯湖在内，这些保护区是整个保护体系的一部分。也许是上天的安排，它们相互连接，共享同一个水源。广袤的农田就像海洋一样，而这些保护区则是点缀在海洋上的小岛。这是一片已经开拓出来的土地，也有水鸟的天堂——沼泽地及其开阔水域形成的排水系统和河流。

保护区周围的农田依靠北克拉玛斯湖的湖水灌溉。灌溉用水滋润了农田，然后汇合，流入图利湖，再从这里流入南克拉玛斯湖。建立在两大水体基础上的整个保护区的水域，充当了农业用地的排水系统。将这种情况与最近的发现放在一起研究是至关重要的。

1960年夏天，保护区的工作人员在图利湖和南克拉玛斯湖发现了已死亡或者将要死亡的鸟儿，大部分是食鱼鸟类——苍鹭、鹈鹕、鸥。鸟儿体内发现有农药残留，经检测为毒杀芬、DDD以及DDE。湖中鱼儿和浮游生物体内也发现了杀虫剂。保护区管理员认为，农田使用的大量农药经灌溉用水回流，致使药物残留在保护区水域并不断蓄积。[2]

水域受污染使得保护区的效果大打折扣，西部猎鸭人和风景爱好者都感受到了后果："飞鸿带彩映晚霞，婉鸣

◎ 阅读理解

[1]说明水资源被化学物质污染的危害不可预计、无法控制，应当引起足够重视。

◎ 阅读理解

[2]农田使用农药，水源受到污染，灌溉用水汇合流入图利湖，再流入南克拉玛斯湖，必然使鱼儿中毒，鱼儿体内残留农药。鸟儿吃了鱼，农药进而转移到鸟儿的体内，导致鸟儿死亡。正是农药的毒性随着食物链在不断积累，危害逐步加深。

绕耳满天涯"的天籁美景已经难以寻觅。这些保护区对于西部水鸟至关重要，因为它们位于太平洋候鸟路径的汇集处，就像漏斗的细颈一样。每到秋天迁徙的季节，从白令海峡到哈得逊湾的鸟巢中飞来的野鸭和雁，大约占飞往太平洋沿岸水鸟的四分之三。夏天的时候，保护区为水鸟，特别是两种濒危物种——美洲潜鸭和棕硬尾鸭提供了栖息地。如果保护区的湖泊和池塘受到了严重污染，西部地区的水鸟将遭受无法挽回的伤害。

水滋养着一整条生物链（从微如尘埃的浮游生物的绿色细胞，到很小的水虱，再到以浮游生物为食的鱼儿，小鱼又会被其他鱼类或鸟类、貂、浣熊吃掉），生命间的转化无穷无尽，所以必须从这些方面考虑水污染的问题。我们知道，有用的矿物质也是通过食物链传递的。我们是否可以认为水中的毒药不会进入大自然的循环链条中呢？[1]

答案就在加利福尼亚州清湖的惊人历史中揭晓。清湖位于旧金山市以北约一百四十千米的山区，一直是垂钓捕鱼爱好者的必选之地。这里有点名不副实，因为黑色的淤泥覆盖了浅底，实际上，湖水极其浑浊。这对渔民和旅游者而言不是什么好事：它为小小的蚋（ruì）虫提供了理想的栖息地。虽然它与蚊子关系很近，但蚋虫不吸血，可能从小到大都不吃任何东西。然而，作为共享此地的邻居——人类却不胜其扰，因为它们的数量实在过于庞大。[2]为此，人们采取了各种措施，但效果都不甚理想。直到20世纪40年代，新式武器——氯化烃出现了。DDD是新一轮攻击的首选，这是一种与DDT关系很近的药物，但较为明显的是，它对鱼类的威胁相对较小。

在1949年采取的措施，经过了周密的计划，没有人认为会有什么危害。人们勘测了湖水，并确定了湖水的体积，杀虫剂的施用剂量是七千万分之一。刚开始效果不错，但是到了1954年，人们不得不再来一次，这次的比例是五千万分之一。此后，人们认为消灭蚋虫的运动彻底结束了。

随后冬天的几个月内，其他生物受到影响的迹象出现了：湖上的北美䴙（pì）䴘（tī）开始死亡，很快死亡数量上升到一百多只。清湖鱼类众多，因此北美䴙䴘在此繁殖、过冬。这种鸟儿外形美丽，习性优雅，在美国西部与加拿大的浅湖上搭建浮巢。当在湖面划过时，它们会压低身体，洁白的脖颈和黑亮的头部高高昂起，几乎不带一丝涟漪，因而被誉为"天鹅䴙䴘"。刚出壳的幼鸟身上是灰色的软毛，几个小时后，它们就进入水中，骑在父母背上，在父母廓羽的庇护下前行。

对卷土重来的蚋虫进行第三次打击后，1957年，更多的䴙䴘死去。与1954年的情况一样，死鸟身上没有检测出传染病。但是，经提议对䴙䴘脂肪组织进行分析检测后，才发现了大量的DDD，浓度约为百万分之一千六百。[1]

DDD投放的最大浓度为百万分之零点零二，它怎么会在䴙䴘体内蓄积到如此惊人的浓度呢？这些鸟儿是以鱼类为食的。检测了清湖的鱼儿后，整个画面开始清晰——最小的生物吞食毒素，不断积累，继而传给更大的动物。浮游生物体内检测出百万分之五的杀虫剂（大约是水中药物最大浓度的二百五十倍）；食藻性鱼类体内的浓度大约是百万分之四十到百万分之三百；食肉鱼类体内贮存了大部分毒素。一种褐色鲶鱼体内毒素浓度竟然高达百万分之二千五百。[2]

"杰克之屋"的顺序出现了，在这个链条中，大型食肉动物吃掉小型食肉动物，小型食肉动物吞食食草动物，食草动物以浮游生物为食，浮游生物又从水中吸取毒素。

◎ 阅读理解

[1]确定了罪魁祸首：DDD。正是人类对蚋虫使用DDD进行攻击，使DDD随食物链不断积累，DDD传递到䴙䴘体内，使䴙䴘大量中毒死亡。

◎ 阅读理解

[2]解释䴙䴘体内为什么会有如此高的毒素浓度。毒素随食物链越积越多，䴙䴘又处在食物链较高的一层，所以体内毒素浓度惊人。

33

之后，更加离奇的事情又出现了。刚刚使用过杀虫剂的水中没有发现DDD。但是毒素并没有消失，它只是进入了湖中生物的体内。在停用化学药剂二十三个月后，浮游生物体内仍含有百万分之五点三的毒素。在近两年的时间里，潮水般的浮游生物出现又退去，虽然毒素在水中不见踪影，却不知怎么回事，一代代传了下去。而且毒素也会在湖中动物的体内存留下去。停药一年后，鱼、鸟以及青蛙体内仍然检测出了杀虫剂残留，而且检测出的DDD含量总是超出起初水中浓度的很多倍。这些有毒的生命包括：上一次使用九个月后孵化的鱼苗、䴙䴘以及体内毒素浓度超过百万分之二千的加利福尼亚鸥。同时，䴙䴘繁殖群也已经大大缩减——从第一次使用杀虫剂之前的一千对降到1960年的三十对。虽然仅剩的三十对也会筑巢繁育，但是都在白费力气，因为自从上一次使用DDD后，湖上再也没有出现过䴙䴘幼鸟。[1]

可见，整个中毒链环始于小小的植物，最初的药物浓缩一定开始于这些植物身上。但是，食物链的另一端——人类，又将面临怎样的状况呢？他们可能不了解事件的经过，并且已经备好渔具，从清湖中钓了几条鱼，然后带着收获回家享受美味了。大剂量DDD或者小剂量的累积会对人类造成什么影响呢？[2]

尽管加利福尼亚州公共卫生署宣称没有危害，但是1959年该局还是禁止了DDD在湖水中使用。考虑已经有科学证据证明这种药物具有巨大生物效应，这一行动只能算是最低限度的安全措施了。DDD的生理影响在杀虫剂中可能是独一无二的，因为它可以破坏肾上腺的一部分——分泌荷尔蒙激素的肾上腺皮质外层细胞。早在1948年，人们就发现了这种破坏作用，但是起初人们认为这种危害只限于狗。因为在猴子、老鼠或者兔子身上没有发现这类问题。然而，DDD在狗身上引起的症状与人类阿狄森氏病患者的病症极为相似。目前，DDD对细胞的破坏力被用于治疗肾上腺部位的一种罕见癌症。

清湖的状况引出了一个公众需要面对的问题：使用对生理过程影响巨大的化学物质来防治昆虫，特别是将化学药剂直接投入水体的防治措施，是否明智？又是否必要？杀虫剂在湖泊食物链中爆炸性的进程证明，使用小剂量化学药剂无异于饮鸩止渴（用毒酒解渴，比喻只求解决目前困难而不顾严重后果）。通常，为了解决一个微小的问题，却引发了不易察觉的严重问题，这种情况大量存在，而且不断增加，清湖只是其中一个典型事件。受蚋虫困扰的人们解决了问题，却给所有从湖里获取食物或饮用水的人们带来一种莫名的甚至是无法理解的危险。[1]

在水库中故意投放药物已经成为常态，但这的确是一个事实。其目的通常是娱乐，尽管之后需要花费一笔资金使之恢复其本来用途——饮用。[2]一个地方的渔猎爱好者们希望在水库"发展渔业"，他们会说服政府在水里施用药物，以杀死不想要的鱼类，为他们喜欢的鱼铺设温床。整个过程非常怪异，像爱丽丝梦游仙境一样荒诞。水库的本来功能是供给公众用水，然而居民们可能在对渔猎爱好者的计划并不了解的情况下，不得不饮用有药物残留的水，或支付费用以消除毒素，然而这些东西处理起来并非易事。

由于地下水和地表水都已经受到杀虫剂和其他化学品的污染，致癌的有毒物质正进入公共水源，成为我们当前面临的威胁。国家癌症研究所的休伯博士警告："在不久的将来，饮用水污染引发癌症的风险将大大增加。"的确，早在20世纪50年代的一项研究也显示，水污染可能致癌。饮用水取自河流的城市，癌症死亡率要高于水源污染较少的城市（例如井水）。自然界中存在的砷，是被确认为最可能致癌的物质，在水污染引发大量癌症的历史事件中已经出现了两次：第一次，砷来源于矿场的矿渣堆；第二次，砷来自含砷量很高的天然岩石。大量使用含砷杀虫剂，会使上述事件再次发生。土壤受到了污染，接着雨水会把部分砷冲进河流、水库以及浩瀚的地下海洋。[1]

此时，我们又一次得到警示：自然界中没有孤立的事物。为了更加透彻地了解我们世界所遭受的污染，我们必须转向地球上的另一种资源——土壤。[2]

◎ 阅读理解

[1]再次明确地告诉人们：致癌的有毒物质正进入公共水源，人们必须正视这个问题！

◎ 写作分析

[2]自然转入下一章内容。

## 美文赏析

这一章的主要内容是化学药品对陆地上水资源的污染以及由此给人类带来的危害，很有现实意义。文章将进入水域的化学物质难以检测、隐蔽性强而危害性极大与人们对此缺乏认识或者缺乏足够的认识形成对照，从而揭示了问题的严重性。

## 回顾训练

1.指出下面句子使用的说明方法。

（1）这种地下水总是在不停运动着，有时候很慢，一年移动不到十五米；有时候很快，一天之内移动一百六十米。　　　　　　（　　　）

（2）DDD是新一轮攻击的首选，这是一种与DDT关系很近的药物，但较为明显的是，它对鱼类的威胁相对较小。　　　　　　（　　　）

（3）这些保护区对于西部水鸟至关重要，因为它们位于太平洋候鸟迁徙路线的交汇处，就像漏斗的细颈一样。　　　　　　（　　　）

2.作者说"地下水污染就等于全部水污染"，为什么这样说？

# 土壤王国

　　土壤是人类赖以生存的基础，在其漫长的形成过程中，生物起到了重要的作用。但化学毒药进入土壤，则危害着生物，破坏着土壤。同时，由于植物从受污染的土壤中吸收了农药，进而又危及人类的饮食安全。人类必须避免犯使用农药的错误，只有这样才不会毁灭土地的生产力。

　　覆盖大地的这层薄薄的土壤，如同斑驳的补丁，它的分布决定着我们和陆地上其他动物的生存。没有土壤，陆地植物就不会生长；没有了植物，动物就无法生存。

　　如果说我们以农业为基础的生命全仰仗土壤，同样地，土壤也依赖于生物。土壤的起源与其特性的保持都与动植物密切相关。因为土壤在某种程度上是生命创造的，它产生于很久以前生物与非生物的相互作用。火山喷出的岩浆，带来了原始的材料；河水流过光秃秃的岩石，冲刷了最坚硬的花岗岩；冰霜凿碎了岩石，于是，最原始的母体物质开始形成。接着，生物开始施展魔法，渐渐地，无生命的材料变成了土壤。岩石的第一层衬衣——地衣，利用它分泌的酸性物质促进了岩石的分解，也为其他生命提供了住所。地衣的碎屑、微小昆虫的外壳、海洋动物的残骸形成了原始的土壤。在土壤的缝隙里，苔藓开始驻扎。

　　原始生命不仅创造了土壤，还孕育了土壤中丰富多样的生物。如果不是这样，土壤将贫瘠而毫无生机。正因为生命的存在与活动，使土壤中种类丰富的生物为地球织了一件绿色的外衣。

土壤不断变化，加入了无始无终的无限循环之中。岩石的分解、有机物质的腐烂、氮和其他气体随雨水落下，都会给土壤添加新的物质。与此同时，有的生物暂时借走了一些物质。精妙而又重要的化学变化时时刻刻都在进行，把来自空气和水的成分转化成有用的物质。在这些变化中，生物体起着活性剂的作用。

研究黑暗的土壤王国中生存的众多生物是件趣事，但也是最为人忽视的。对于土壤中有机物质之间的关系以及它们同土壤与地上世界的联系，我们都了解得太少了。可能土壤中最基本的却是一些最小的生物——看不见的细菌和丝状的真菌。关于它们的数据都是些天文数字。一小勺表层土可能含有数以亿计的细菌。尽管体积微小，但在三十厘米厚的四千平方米肥沃土壤中的表层土中，细菌的总质量可达四百五十千克。长长的、丝状的放线菌在数量上虽然不及细菌，但是由于体积更大，等量土壤中所含放线菌的总质量与细菌相差无几。这些菌类，与称为藻类的绿色细胞一起，组成了土壤中的微植物世界。

细菌、真菌以及藻类是腐烂的主要媒介，它们把动植物的残骸还原成矿物成分。如果没有这些微小的植物，各种元素参与的庞大系统循环（例如碳、氮在土壤、空气和生物组织中的运动）就无法进行。例如，如果没有固氮菌，即使处在含氮丰富的空气包围中，植物也会因缺氮而死亡。其他生物可以释放二氧化碳，而二氧化碳像碳酸一样起到分解岩石的作用。土壤中的其他微生物也起到氧化和还原的作用，使一些矿物质如铁、锰和硫等变得易于被植物吸收。

土壤中还存在着数量巨大的微小螨类，以及叫作弹尾虫的原始无翅昆虫。尽管体型微小，但它们在分解植物残枝，把森林的地面杂物转化为土壤方面发挥着重要作用。这些微小生物的特性让人难以置信。例如，一些螨类只有在云杉掉落的针叶里才能生存。它们隐藏在树叶里，消化掉树叶的内部组织，它们的任务完成后，只剩下一具空壳。在处理大量落叶方面最令人惊奇的要数土壤和林地中的一些小昆虫了。它们会把叶子浸软，然后消化，从而加快了分解物与地表土的混合。

当然，除这些身体微小、一刻不停的生命外，还有许多大型生物，因为土壤孕育着从细菌到哺乳动物全部生命，有的永久生活在地下世界；有的冬眠，或者在生命的某一阶段藏于地下；有的则在洞穴与地上世界任意穿梭。总之，这些动物的居住使土壤透气，并促进水在植物生长层的排泄与渗透。

在所有较大的土壤生物中，蚯蚓可能是最重要的一种。大约在七十五年前，查尔斯·达尔文出版了一部著作，叫作《腐殖土的形成和蚯蚓的作用》。在这本书中，他让世人了解了蚯蚓在运输土壤中扮演的角色。地表的岩石逐渐被蚯蚓从下面搬上来的细土所覆盖，在大多数适宜的地方，四千平方米土地上每年都能搬运很多吨细土。同时，树叶和杂草中含有的大量有机物（六个月的时间内每平方米约有九千克）被拖入洞穴，混入土中。达尔文的计算表明，蚯蚓的辛勤劳作，十年后，能使土壤的厚度增加二点五厘米到三点八厘米。而且，这绝不是它们的唯一贡献。它们的洞穴使土壤保持空气流通和良好的排水性能，并促进植物根系的生长。蚯蚓的存在还可以增强细菌的固氮能力，降低土地退化的概率。有机物经过蚯蚓的消化道时，将被分解。这样，蚯蚓的排泄物会使土壤变得更加肥沃。土壤王国是由互相交织的多种生命构成的，每种生物都以某种方式与其他生物相联系——生物依赖土壤，但是也正因为土壤中生物的繁荣昌盛，才使得地球上的土壤变得不可或缺。

可是，与我们息息相关的这些问题一直未受关注：不论是以土壤"杀菌剂"的形式直接灌入，还是雨水穿过树冠、果园以及农田时恰好带来了致命的污染，化学毒药进入土壤后，这些数量庞大而且非常重要的生物会受到什么影响呢？使用广谱杀虫剂对付一种破坏庄稼的昆虫幼虫，而不会杀死对于分解有机物十分必要的"益虫"，这样的假设合理吗？或者，使用一种普通杀虫剂不会杀死促进植物吸收养分的根部真菌吗？

事实很明显，这一至关重要的生态学课题在很大程度上被科学家所忽视，防治人员更是对此不屑一顾。对昆虫的化学防治建立在这样的一种假设之上，即土壤可以承受任何毒素的攻击，不会做出反击。土壤王国的本质被完全忽略了。

根据已有的少量研究，关于杀虫剂对土壤影响的画面正徐徐展开。研究结果并不一致，也不奇怪，因为土壤类型多样，给一种土壤造成破坏，也许对另一种土壤没有任何影响。轻质沙土遭受的破坏比腐殖土更大。化学药品的混合使用要比单独使用危害更明显。尽管结果有所不同，但已经有确凿的证据证明危害的确存在，足以引起科学家们的担忧。

在这一条件下，居于生物世界核心的化学转化已经受到影响。将大气中的氮转化成植物需要的形态就是一个例子。除草剂2.4-D会使硝化作用暂时中断。最近佛罗里达州的几次实验表明：林丹、七氯以及BHC（六氯联苯）会在两周后减弱土壤中的硝化作用；使用过农药一年后，BHC和DDT的危害仍然存在。在其他实验中，BHC、艾氏剂、林丹、七氯以及DDD都会阻碍固氮菌在豆科植物上形成必要的根瘤。真菌与高等植物之间奇妙而有益的关系遭到了严重破坏。

大自然通过精妙的生态平衡形成了长久的运行机制，令人担忧的是，有时这种平衡机制会受到干扰。一些土壤生物由于杀虫剂的使用数量在减少，而另一些生物的数量则会激增，从而破坏捕食关系。这样的变化容易改变土壤的新陈代谢活动，并影响其生产力。这些变化还意味着，之前受到制约的有害生物，会逃脱自然的控制，呈爆发之势。

值得注意的重要一点是，土壤中的杀虫剂可以在土壤中存贮很长时间，不是几个月，而是好几年。艾氏剂使用四年后依然存在，一部分为少量残留，更多的已经转化为狄氏剂。使用杀毒芬消除白蚁，十年后沙质土壤中仍有残留。六氯化合物可以在土壤中至少存留十一年；七氯或一种毒性更强的化学物质至少可以存留九年。氯丹使用十二年后，对土壤的影响依然存在，其残留量是施用量的百分之十五。

当初看似适量的杀虫剂，在经过几年的时间后，会在土壤中累积到惊人的浓度。由于氯化烃的持久性，每施用一次，药物浓度都会在前一次基础上增加。如果反复喷洒，"四千平方米地使用五百克DDT无害"的传统论断就变得毫无意义了。科学家在种植土豆的农田中发现每四千平方米中的DDT含量高达六千八百克，玉米地更是高达八千六百克。研究发现，一片蔓越橘沼泽地中每四千平方米含一万五千六百克的DDT。苹果园的土壤中则达到了峰值，这里DDT累积的速度几乎与每年的使用量持平。在一个季节里喷洒四次或更多DDT的果园中，DDT的残留量会增加到十四到十八千克。经过多年反复喷洒后，果树间土壤中DDT的含量每四千平方米在十二到二十七千克的区间内；树下土壤里的含量则高达五十一千克。

土壤永久性污染的一个典型案例就是砷污染。尽管自20世纪40年代中期以来，施用于烟草植物的有机合成农药取代了含砷喷剂，但是从1932到1952年，美国香烟中的砷含量已经增加了百分之三百以上。之后的调查发现，砷含量居然增加了百分之六百。砷剂毒理学权威人士亨利·萨特利博士说，虽然有机杀虫剂基本上取代了砷剂，烟草植物仍然会吸收毒素，因为种植园的土壤里残留着高含量、不易溶解的毒素——砷酸铅。这种物质会持续释放可溶性砷。萨特利博士说，烟草种植园的土壤正遭受着"几乎永久性的污染"。地中海东部的国家没有使用含砷杀虫剂，所以那里的烟草中没有发现砷含量的增加。

这样，我们就面临着第二个问题。我们不仅要关心土壤的情况，还要了解植物从受污染的土壤中到底吸收了多少农药。这在很大程度上取决于土壤和作物的类型以及杀虫剂的特性和浓度。有机物含量高的土壤比其他类型的土壤释放的毒素要少。与其他作物相比，萝卜会吸收更多的毒素。如果使用的农药是林丹的话，萝卜内部的毒素含量会比土壤中的浓度还要高。将来，在种植某种作物之前，我们有必要先分析一下土壤中杀虫剂的含量；否则，即使没有喷洒过农药的农作物，也会从土壤中吸收很多杀虫剂，变得不宜出售。

这种污染引发的问题不计其数。至少有一家婴儿食品生产厂家一直不愿使用喷过杀虫剂的水果和蔬菜。制造麻烦的化学品就是六氯联苯（BHC），它通过植物的根系和块茎吸收，并产生霉味。两年前使用过BHC的农田里生产的甘薯因为农药残留而变得不宜食用。有一年，这家公司在南加利福尼亚州签署了一份甘薯供应合同，却发现大面积的土地都被污染了，公司被迫在市场上购买原料，蒙受了巨大的经济损失。在过去的几年里，很多州种植的各种水果和蔬菜都被丢弃。其中，最令人头疼的是花生。在南部的几个州，花生通常与棉花轮种，而棉花上会喷洒大量的BHC。因此，此后种植的花生会吸收大量的杀虫剂。实际上，只需很少的BHC就会催生霉味和怪味。BHC会渗透到花生内部，而且无法消除。进行处理的话，不仅无法除掉霉味，有时候还会加重这种味道。生产厂家只有一种方法可以消除这种物质的残留——不使用喷过农药或在受污染土地里生长的农产品。

有时候，危害指向农作物本身，只要土壤中含有杀虫剂，这种危害就会继续存在。一些农药会影响比较敏感的植物，妨碍其根系生长或抑制幼苗的发育，如：豆子、小麦、大麦或者黑麦。华盛顿州和爱达荷州的啤酒花种植户们就经历了一次难以释怀的事件。1955年春天，大面积的啤酒花根部长满了象鼻幼虫，这里的人们开展了声势浩大的治理运动。人们在农业专家和杀虫剂厂家的建议下，选择了七氯作为防治武器。使用七氯不到一年，喷过药的院子里的藤蔓就枯萎并死去了。而没有喷过农药的地方并没有发生任何问题。使用过农药和未喷洒农药的地方泾渭分明（泾河水清，渭河水浑，泾河的水流入渭河时，清浊不混。比喻界限清楚或是非分明）。这样，人们不得不花费巨资使秃山再次披上绿装。但是到了第二年，新长出的幼芽又死掉了。四年后，这片土地上仍有七氯残留，而科学家也无法预测毒素还会存留多久，也没有任何好的建议来改善这种状况。直到1959年3月，联邦农业部门才发现七氯并不适合用于啤酒花，并撤销了这份原本就错误的建议。而啤酒花的种植者只能通过法庭获取一些赔偿。

杀虫剂仍在使用，农药残留根深蒂固，会继续在土壤中蓄积。毫无疑问，我们是在自寻烦恼。1960年，一群专家在雪城大学讨论土壤生态时，达成了一致共识。他们总结了使用化学品和辐射这两种"威力强大而又充满神秘色彩的工具"所带来的危害：人类的几步错误就可能毁灭土地生产力，最终昆虫会接管整个地球。

# 地球的绿色斗篷 [精读]

　　在漫长的地球演化过程中，植物与植物、植物与动物之间建立了密切而又重要的联系，而化学药品的使用却撕裂了这种关系，最终结果与人类的愿望大相径庭。其实，原本有着比使用化学药品更好的方法，如把金盏花和玫瑰一起种植，可以使玫瑰生长得十分旺盛，远胜过使用农药等。

　　水、土壤和地球的绿色斗篷——植物，共同组成的世界滋养着地球上的动物。现代人很少能够记得，如果不是植物利用太阳能制造了人类赖以生存的基本食物，我们将无法生存。实际上，我们对植物的态度非常狭隘。[1]一旦知道某种植物的一种用途，我们马上就会去种植。如果我们觉得某种植物可有可无或者不感兴趣，它们可能马上会面临灭顶之灾。除了对人或者牲畜有害的植物和阻碍庄稼生长的植物之外，还有很多其他植物会遭殃，仅仅因为我们狭隘地认为，它们在错误的时间出现在错误的地方。许多植物遭到毁灭的原因只是碰巧受到了身为人类所不需要物种的连累。

　　地球上的植物是生命之网的组成部分之一，其中植物与地球、植物与植物以及植物与动物之间都存在着密切而

◎ **阅读理解**

[1]人类对植物的认识存在误区。往往我们所看到的最寻常不过的植物却最珍贵，人类对眼前的事物往往视而不见，态度狭隘，不知感恩。

◎ 阅读理解

[1]批评的矛头直指化学药品——农药。人类只顾眼前利益，近乎痴迷，必然忽视了未来的后果。

◎ 写作分析

[2]预示下文要从历史感和自然知识角度分析为什么要开展消灭山艾这个活动。

◎ 阅读理解

[3]山艾地带的形成是自然选择的结果，是符合自然规律的，经历了漫长的过程。

◎ 阅读理解

[4]叉角羚、艾草松鸡生活在这里，也是自然选择的结果。

又重要的联系。有时候，我们别无选择，只得破坏这些关系，但是我们应该更谨慎一些，要充分考虑这样做在遥远的未来和未知的地方将会产生不良的后果。然而，今天繁荣的除草剂行业却不见一丝谦虚的迹象，人们能见到的只有除草农药飙升的销量和日益广泛的用途。[1]

我们的盲目破坏已经对环境造成了很大影响，西部地区的山艾就是其中一个例子。那里的人们正在举行一场声势浩大的战役——消灭山艾来培育草场。如果任何一个活动需要一点历史感和自然知识的话，这就是最好的例子。[2]因为这片风景就是各种力量相互作用的生动体现。就像在我们面前打开了一本书，我们可以了解地貌形成的原因以及为什么要保持它的完整性。但是很可惜，没人去读这本书。

山艾地带是由西部高原和山脉的低矮斜坡构成的，几百万年前落基山隆起的山脉形成了这片土地。这里气候极端异常：冬季漫长，暴风雪呼嚎而至，地上积雪深厚；夏天雨量稀少，赫赫炎炎，土地龟裂，干燥的风吸干了树叶，蒸瘪了树干。在自然演化的过程中，植物一定是经历了长期的反复试验和错误，才最终占据了这片疾风尽吹的高原地带。[3]经过一次又一次的失败，终于有一种植物进化出了生存所需的全部特性。低矮的灌木山艾能在这个山坡和高原上站稳脚跟，它灰色的小叶子能够锁住水分，防止被干燥的烈风偷走。这绝不是偶然，而是大自然的长期试验，才使得辽阔的西部平原成了山艾的天下。

与植物一样，动物们也随着这片土地的苛刻要求进化着。有两种动物像山艾一样完美，及时适应了这片栖息之地，一种是哺乳动物——敏捷优雅的叉角羚；另一种是鸟类——艾草松鸡——路易斯和克拉克"平原之鸡"。[4]

山艾与艾草松鸡好像是天作之合。艾草松鸡的活动范围与山艾的生长空间正好重合，随着山艾生长面积的缩小，艾草松鸡的数量也在减少。对于这片平原上的艾草松鸡来说，山艾就意味着一切。山麓地带的低矮山艾为艾草松鸡的巢和幼鸟提供了荫蔽，更茂密的地方是它们嬉戏和栖息的场所。山艾也是艾草松鸡的主食。然而，这也是一种双向的关系。艾草松鸡特别的求偶方式松动了艾草下面和周围的土壤，这便促进了艾草下面杂草的生长。[1]

同样，叉角羚也适应了山艾。它们是山上的主要居民，冬天初雪降临的时候，之前在山上度夏的叉角羚向低处迁徙，那里的山艾是它们过冬的食物。当其他植物的叶子都已经凋零的时候，山艾依然常青，灰绿色的叶子有点苦，又有淡淡的草香，富含蛋白质、脂肪以及其他必需矿物质，它们生长在浓密的枝头上，紧紧地团簇在一起。尽管积雪已经很厚，山艾的顶部仍然露在外面，羚羊用它锋利的蹄子刨两下就能找到。艾草松鸡同样也靠山艾过冬，它们会在裸露的、风扫过的岩架上寻找艾草，或者它们跟在羚羊后面，在羚羊刨开积雪的地方觅食。[2]

其他动物也指望着山艾。长耳鹿就经常以山艾为食。可以说山艾对于食草牲畜过冬就意味着生存。山艾几乎是这里牧场上羊群的唯一食物。在整整半年的时间里，山艾就是它们的主要草料，山艾含有的能量甚至比干苜蓿都要高。

这样，在高寒地区，紫色枝条的山艾、矫健的野生羚羊以及艾草松鸡构成了一个完美的自然平衡。是这样吗？看来情况并非如此，至少在人类试图改进自然规律的广阔山区不是这样的。[3]土地管理者打着进步的旗号，要满足牧场主们贪得无厌的草场诉求。这里的草场是指没有山

◎ 阅读理解

[1]阐述艾草松鸡和山艾的关系：互利互生、相互依赖、共存共生。

◎ 阅读理解

[2]山艾不惧风雪、叶子常青、营养丰富，为叉角羚提供了丰富的食物。

◎ 阅读理解

[3]以委婉的语言批评了人类对自然规律的破坏。

艾的草场。小草与山艾混合生长或者在山艾的荫蔽之下成长，是自然选择的结果。如今，人们却要清除山艾，以创造一望无际的纯草牧场。没人问过，在这里草场是否稳定、合乎需求。很明显，大自然的回答是否定的。在这片雨水稀少的地方，每年的降水量不足以供养优质草皮，而更适合山艾荫蔽之下的常年丛生的禾草生存。

但是，清除山艾的计划已经执行了很多年。一些政府机构表现得非常积极；工业部门也满怀热情地加入进来，以增加草种销量，扩大各种耕种和收割机械的市场。人们又增添了一件新的武器——化学喷剂。如今，每年有一二万平方千米的山艾被喷上了药剂。结果如何呢？清除山艾、种植牧草的结果基本上可以推测出来。对于深知这片土地习性的人们来说，单独种植牧草的话，其生长情况不如与艾草混生的好，因为艾草能够保持水分。[1]

很明显，即便这项计划取得了暂时的成功，但紧密交织在一起的生命之网已经被撕裂开来了。叉角羚和艾草松鸡会随着山艾一起消失，鹿群也会一起遭罪，野生动植物的毁灭会使得这片土地变得更加贫瘠。即使计划中受益的动物也会受难，因为没有了山艾、灌木以及高原上的其他植物，夏季茂密的绿草很难支撑羊群度过漫长的冬天。

这些只是首要的、明显的效应。[2]其次就是与"突击销售法"相关的结果：喷洒农药也会毁灭很多非预定目标植物。法官威廉·道格拉斯在他的最新著作《我的荒野：东至卡塔丁》中描述了美国林业局在怀俄明州布里杰国家森林中造成生态破坏的令人震惊的案例。由于牧民们要求更多的牧场，林业局在大约四十平方千米的山艾地带上喷洒了药物。不出所料，山艾被消灭了。但是，沿着曲折小溪生长的柳树——这条绿色的生命之带也遭到了灭顶之灾。

◎ 写作分析

[1]以设问方式说明事情的结果。结果很清晰，但作者说得依然很委婉，这是值得思考的。

◎ 写作分析

[2]不同的环境适合不同的植物生长，怎能强制地违背自然规律做这些事倍功半的事情？我们要尊重不同植物的生长环境和生长特点。植物在特定环境生长必然有其合理性，人类不该摧毁这种自然所赋予的植物秉性。如果人类的所作所为是南辕北辙，那么人们表现得越积极、热情，则越向毁灭靠近。人类任性、胡乱的做法，势必牵动和破坏整个生态平衡。

驯鹿生活在柳树林中，柳树对于驯鹿就像艾草对于叉角羚一样重要。河狸以前也生活在这里，它们以柳树为食，并折断树枝在小溪上建筑牢固的堤坝。经过河狸的一番努力，一个湖泊形成了。生长在山涧里的鳟鱼很少能够长到十五厘米长，而在这片湖水中，它们竟然能长到二点三千克重。水鸟也被吸引到湖边。仅仅是因为柳树和依靠它们生存的河狸，这里变成了一个捕鱼打猎的休闲胜地。

然而，拜林业局的"改进"所赐，柳树步了山艾的后尘——被"正义"的农药喷剂杀死。1959年，也就是喷洒农药的那一年，道格拉斯法官被眼前枯萎的、垂死的柳树震惊了，这简直是"巨大的、难以置信的破坏"。驯鹿身上会发生什么？河狸和它们创造的小小世界又会怎样？一年之后，他又来到这里，在破败的景象中寻求答案。[1]驯鹿消失了，河狸也不见了踪影。大部分大坝由于失去了技术高超的建筑师的打理而消失了，湖泊的水也流走了。大个的鳟鱼一条也不剩，因为贫瘠燥热的土地上没有一丝阴凉，像细线一样的溪流不适合大鳟鱼存活。整个生命世界已经遭到了破坏。

除了每年有超过一万六千平方千米的牧场被喷洒农药外，为了控制杂草，其他类型的土地可能或者已经遭受了化学药剂的处理。[2]例如，有一片比新英格兰地区还要大的土地（约二十万平方千米）正处在公共事业公司的管理之下，这里每年都会进行"灌丛防治"。在西南地区，大约有三十万平方千米的牧豆树需要治理，而化学喷剂通常是最受推崇的方法。为了给抗药性更强的松柏腾出空间，人们在一片很大的木材产区喷洒药剂，目的是清除阔叶硬木。自1949年以来的十年间，施用除草剂的农田面积增加了一倍，到1959年已经达到二十一万平方千米。而个人

◎ **写作分析**
[1]用真实事例说明消灭山艾活动的结果，产生令人悲哀的蝴蝶效应，都是因为牧民们要求更多的牧场，都是因为"人心不足蛇吞象"。可见人的正见对自然界是多么重要。

◎ **阅读理解**
[2]说明化学药品涉及范围之大。天下本无事，庸人自扰之，扰来扰去扰出一连串乱子。积重难返，千漏难补，早知今日，何必当初！

草坪、公园和高尔夫球场加起来的面积总数肯定是天文数字。

化学除草剂是一种新型工具。它们的效用惊人、令人目眩，赋予了人类一种超越自然的力量，至于那些长期但不明显的影响，很容易被当成悲观主义者的臆想而遭到忽视。[1]"农业工程师们"热情洋溢地鼓吹"化学耕种"，称喷雾枪将取代犁头。成百上千个社区的市政领导洗耳恭听化学农药的销售人员和热情的承包商的"演讲"，而承包商则宣称可以收取一定的费用铲除路边的灌木。他们声称这种方法比割草更便宜。也许在官方账本里整洁漂亮的数据会是这样的。然而，真正的成本不仅仅是以美元计算的，还包括其他种种弊端，例如，大规模的化学品广告会产生巨额的费用，还要包括对环境以及各种生物造成的长期而深远的破坏。

我们拿受到商家重视的游客评价来说明。[2]如今，曾经美丽的路边风景受到了严重的损毁，蕨类植物、野花和浆果点缀的灌木丛不见了，取而代之的是一片枯萎、焦黄的植被，所以越来越多的人齐声反对化学除草剂的使用。新英格兰地区的一位妇女气愤地向报纸投稿说："我们正在把路边风景糟蹋成一个肮脏的、焦黄的、死气沉沉的地方，我们花费了那么多钱宣传这里的美景，这可不是游客想要看到的。"

1960年夏天，来自各州的环保人士齐聚缅因州一个静谧的岛屿上，共同听取国家奥特朋协会主席米利森特·宾汉发表的主题为"保护自然景观以及由各种生物包括从细菌到人类交织而成的生命之网"的演讲。但是，所有来到岛上的人们谈论的话题都是对路边风景遭到破坏的愤怒。从前，穿过常青树林散步是一种心情愉悦的享受，两旁都

◎ 阅读理解

[1]揭示了环保者的尴尬境地，也说明了环境污染治理之难。人们往往被眼前的实效冲昏头脑，忽视长远利益。

◎ 写作分析

[2]以下三段从破坏景观的角度说明化学药品的危害。

是香杨梅、香蕨木、赤杨和越橘。如今，全都变成了一片灰色，成了不毛之地。一位环保人士写下了8月份游览缅因岛的情景："回来后，我为缅因州道路两旁的破败景象感到愤怒。前些年，高速公路布满了野花和漂亮的灌木，现在只剩下一片又一片的残枝败叶……从经济角度看，缅因州能够承受失去游客的损失吗？"在全国范围内，以路旁灌丛防治为名义的无意识破坏活动正如火如荼（像火那样红，像荼那样白。原形容军容之盛，现用来形容旺盛、热烈或激烈）地进行。[1]

缅因州仅仅是其中一个例子而已，不过对于我们这些喜爱缅因州风景的人们而言，这是一个尤为痛苦的事情。

康涅狄格州植物园的植物学家宣布，对美丽的灌丛和野花的毁灭已经到达了"危机边缘"。杜鹃、山月桂、蓝莓、越橘、荚蒾、山茱萸、香杨梅、香蕨木、矮唐棣、冬青、野樱、野李都在化学攻击来临之前就快要死去了。雏菊、黑眼苏珊、野胡萝卜、秋麒麟草以及秋紫菀也已经枯萎了，这些植物曾经给这儿的风景增添了优雅的气质和迷人的魅力。[2]

喷洒农药的计划不仅不周全，而且存在滥用的情况。在新英格兰南部的一个小镇上，一个承包商完成了工作后，他把桶里剩下的农药一股脑儿地洒在道路两旁，但是这里并没有授权使用农药。路旁原来生长着美丽的秋紫菀和秋麒麟草，吸引人们不远长途前来观赏。然而，洒药之后，这个社区再也见不到花草相映、蓝金交织的美丽景色了。在新英格兰的另一个社区，另一个承包商在公路局毫不知情的情况下，私自更改了喷洒标准，把农药从规定的最高一点二米的喷洒高度提高到二点四米，结果留下了一大片灰白的痕迹。在马萨诸塞州的一个社区，城镇官员从

◎ **阅读理解**

[1]"无意识"点明了人类需要重新认识自己的行动，不要糊里糊涂破坏自己的生活环境。植物本来自然、安静地长在那里，不偏不倚，不悲不喜，偏被人们以所谓的私人目的而横加破坏，扛着"防治"的名义，缺乏科学思考，一味瞎折腾。

◎ **阅读理解**

[2]人类生于自然，为自然之子，应当与自然和谐相处。尊重万物，善于养育万物才可利用万物，形成一派"天人合一"的和谐美景，怎能因一己之私而绝万物之生存？人为了利益，往往以损害自然为代价，令人叹息。

一个热情的化学品销售人员手中买了一种除草剂，却不知道这是一种含砷药剂。在道路两旁喷洒农药的结果之一就是十几头奶牛中毒而死。

1957年，沃特福德镇在道路两旁施用了除草剂后，康涅狄格植物园中的树木遭到了严重的毁坏。即使没有被直接喷洒到的大树也受到了影响。虽然正值春天生长的季节，橡树的叶子却开始卷曲并枯萎了。紧接着新枝开始疯长，由于速度过快，全都耷拉着，树林呈现出一种凄凉的景象。两个季节之后，大的树枝已经枯死，其他树枝的叶子早已掉光，整片树林扭曲、衰败的景象仍将持续下去。[1]

我知道有一段路，在那里，大自然孕育了更多的赤杨、荚蒾、香蕨木和刺柏，还有鲜艳的花朵随着季节的变化散发出不同的香气，秋天一到，成串的果实如宝石般挂在树上。这条路没有多大的交通压力，急转弯和交叉口很少有阻碍司机视线的灌木丛。然而，喷药人员接管这条路后，人们再也不留恋这几千米的风景了，他们匆匆而过，一边忍受着惨败的景象，一边懊恼地想：怎么让技术人员创造了这样一个贫瘠、丑陋的世界呢？[2]然而，很多地方的政府却表现得迟疑而畏缩。由于监管缺失，在严格的系统防治下留下了一片片绿洲。而正是这些绿洲的对比，使得道路两旁广阔的不毛之地愈加惨不忍睹。

在这里，看到随风飘动的白色三叶草，或者成片的紫色野豌豆花，如火焰般盛开的百合花，都会让我心情振奋。而对于销售和施用化学除草剂的人们而言，这些植物都是"杂草"。在杂草防治会议（如今已成为常规机制）的某一期记录里，我看到了一篇关于除草哲学的奇谈怪论。文章的作者说杀死有益的植物是正确的，并为此而辩护，称只要这些植物长在一起就有危害。他说，那些反对

◎ 阅读理解
[1]使用除草剂的结果是植物生长一反常态，在春天该蓬勃生长之时却长势衰微，甚至过早衰败、死亡。一切都是人类反常行为造成的！

◎ 写作分析
[2]以人们的感受从侧面表现化学药品对环境的破坏，与原先的美丽景色形成对比。

消灭路边野花的人们让他想起了反对活体解剖的人，"按他们的做法，一只流浪狗比孩子们的生命更神圣"。

毫无疑问，这篇文章的作者一定觉得我们的性格是扭曲的。因为我们更偏爱野豌豆、三叶草和百合花那种转瞬即逝的美丽，却不喜欢路边的那些灌丛和蕨木，因为那些灌丛就像被大火烧过一样的，焦黄而又极其脆弱，曾经的蕨类气宇轩昂、生机盎然，如今却变得垂头丧气、毫无生机。面对这些"杂草"，我们一再忍让，丝毫不为清除它们而感到高兴，也没有因为人类再一次战胜了"邪恶"的自然而狂喜，真是不可思议。[1]

法官道格拉斯提到他曾参加过的一个联邦专家会议，他们在会上讨论了本章提到的居民对山艾喷洒农药的抗议。这些专家认为，一位老太太反对消灭野花的行为是极其可笑的。"难道她寻找一株荸草或者虎百合不正像牧场工人寻找牧草、伐木工寻找树木一样，是一种不可剥夺的权利吗？原野给予我们的美学价值与山脉中的铜矿和金矿以及山上的林木一样珍贵。"这位仁慈而有洞察力的法官说道。[2]

当然，除了审美方面的原因，保护路边植被还有更多的意义。因为在自然界中，自然植被居于十分重要的地位。乡村公路和绿化带旁的树篱为众多的鸟类提供了食物、荫蔽和筑巢的地方，它们还是很多小动物的家园。单就美国东部地区约七十种典型的路边灌木和藤蔓植物而言，就有六十五种是野生动物的主要食源。

这些植被还是很多野蜂和其他传粉昆虫的栖息之地。但是，人类却往往意识不到这些野生传粉动物的重要性。甚至很多农夫都很少知道野蜂的价值，因而常常加入消灭它们的队伍中去。一些农作物和许多野生植物部分或者完

◎ 阅读理解

[1]对于植物而言，无保护与清除之分，它们处于合理位置而自然生长，经历荣枯，实属平常。但对于人类而言，只要植物长在那里，就会分辨，就会思考，就会生出爱憎之心，进而采取人为因素干扰植物生长。过度干扰往往破坏了植物正常的生长状况。

◎ 写作分析

[2]引用法官的话批评了滥用化学药品破坏了自然景观而不觉悟的人，增强了说服力。人类除了追求经济效益外，还需要构建一个美的世界。

全地依赖当地昆虫来传播花粉。为农作物传粉的野蜂多达几百种，单就苜蓿而言，就有一百多种野蜂为它们传粉。如果没有这些昆虫，在旷野里生长的植物就会死掉，土壤就无法保持，并因此会变得贫瘠，进而对整个地区的生态产生深远影响。森林和牧场中的许多野草、灌丛和树木都要依靠当地的昆虫传粉才能繁殖。如果没有这些植物，许多野生动物和牧场牲畜将没有食物可吃。如今，精耕法和化学品正在毁灭树篱和野草，使得传粉昆虫没有了避难之所，进而割断了生命的链条。[1]

如人们所知，这些昆虫对我们的农业和风景是非常必要的，需要我们加以保护，而不是毫无顾忌地捣毁它们的栖息地。蜜蜂和野蜂对一些"野草"有很强的依赖性，因为花粉可以为幼虫提供食物，例如秋麒麟草、芥菜和蒲公英等。在苜蓿开花之前，野豌豆花为蜜蜂必要的食物来源，帮助它们度过春荒季节。到了秋天，百花凋零，没有其他食物来源，它们就会依靠秋麒麟草为冬天积蓄能量。在大自然的精心安排下，柳树开花的时候，每一天都会有一种野蜂出现。明白这些道理的人并不少，但可惜的是，这些人中并不包括那些对整个地区铺天盖地喷洒除草剂的人员。[2]

那么，那些懂得栖息地对保护野生动物的价值的人们又去哪里了呢？他们中间很多人在替除草剂作"无害"辩护，因为他们认为除草剂对野生动物的毒性要比杀虫剂小得多，所以才得出了除草剂无害的结论。[3]但是，除草剂随着雨水进入森林、田地、沼泽和牧场后，会产生巨大的影响，甚至对野生动物的栖息地造成永久性破坏。从长远角度看，毁灭野生动物的家园和食物带来的后果恐怕比直接杀死它们更为糟糕。

对路旁和公用地进行全面的化学攻击给我们带来了双

◎ 阅读理解

[1]灭树篱、野草，绝昆虫之所，毁植物之身，断动物之食，害人类之生。万物与人齐一，毁灭万物就是毁灭人类自己。

◎ 阅读理解

[2]再次将批评的矛头指向喷洒除草剂的人员，他们是多么无情、冷酷啊！草木无情而人有情，对他们而言却可以倒过来说。

◎ 写作分析

[3]采用了设问的方法，对他们的无知给予嘲讽。

重讽刺。这种措施会适得其反。已有经验表明，地毯式地使用除草剂并没有永久控制路边的灌丛，因为需要年复一年地喷洒农药。更为讽刺的是，尽管我们知道有更加妥善的方法——采用选择性喷药的方法，完全可以实现植被的长期控制，而不需要对大部分植物反复喷洒农药，但是我们却执迷不悟。

在路边进行灌丛防治的目的不是清理除草之外的所有植物，而是清除那些阻碍驾驶员视线或妨碍了公路线缆的高大植物。通常情况下，高大的植物就是树。大部分低矮的灌木植物构不成威胁，蕨类植物和野花更是如此。[1]

选择性喷药是弗兰克·艾戈勒就职于美国自然历史博物馆期间，并兼任公路灌丛防治建议委员会主任时提出的。这种方法利用了自然界的内在稳定性，因为大部分灌木植物可以抵抗树木的入侵。比较而言，草地更容易受到树木幼苗的侵袭。选择性喷药不是在路边培植草地，而是直接处理高大植物，进而保护其他植物。一次处理基本上足够了，如果遇到比较顽固的植物，再追加处理。这样的话，既实现了灌丛的防治，高大植物也不会卷土重来。所以，最高效、最低廉的植被防治不是通过化学药品，而是通过其他植物来实现的。[2]

这种方法已经在美国东部很多地区进行了试验。结果显示，只要处理得当，一个地区的植被就会保持稳定，之后的二十年内无须再次喷药。通常，喷药人员可以背着喷雾器步行完成喷洒作业，这样可以实现对喷嘴的完全控制。有时候，也可以在卡车的底盘上放置压缩泵和喷嘴，但是绝不会进行地毯式的喷洒。而且处理的目标仅仅是树木和那些过高的必须清除的灌木。这样就保护了整个环境的完整性，野生动物的栖息地也不会受到破坏，灌丛、蕨

◎ 阅读理解

[1]一人有错，何必牵连别人。只有高大植物阻碍驾驶员视线或妨碍公路线缆，与那些蕨类植物和野花有何相干？人类却蛮横无理，唯我独尊，恣意妄为，不知敬畏。

◎ 阅读理解

[2]这种方法更为合理，遵循自然规律，根据植物特点，因地制宜，对不同植物进行不同处理，取得了良好的效果。并不是和上文所讲的那样"一揽子全清"，我们应推广这种科学的处理方法。

类和野花构成的美景也得以保存。

选择性喷药的方法已经在很多地方得到推广。一般说来，根深蒂固的习惯仍然难以消除，地毯式的喷洒仍在持续，每年都会浪费纳税人的大量金钱，并对生态系统造成破坏。陈旧的方法得以继续是因为真相没有大白于天下。如果纳税人知道在道路旁喷洒药剂一代人只需一次，而不是一年一次的话，他们肯定会抗议，要求改变这种方法。[1]

选择性喷药的众多优点之一就是，它可以将某一地区的用药量降到最低，无须遮天蔽日地喷洒，而是在需要清除树木的地方进行有针对性的处理。这样对野生动物的潜在危害也降到了最低。

使用最为广泛的除草剂是2.4-D、2.4.5-T以及相关的化合物。这些化学品是否有毒还存在争议。在自己草坪上使用2.4-D的人们，在接触药剂后，有时会患上急性神经炎，甚至麻痹。尽管这种案例并不常见，医学权威人士还是建议人们谨慎使用这类化学药剂。2.4-D还可能引发其他一些潜藏的危害。实验显示，它会扰乱细胞呼吸的基本生理过程，并会像X射线一样破坏染色体。近来一些研究显示，即使远低于致死的剂量，2.4-D以及另外一些除草剂也会对鸟类的繁殖产生不利影响。[2]

除了直接的毒副作用外，一些除草剂还会产生奇怪的间接影响。人们发现一些动物，既包括野生食草动物，又包括牲畜，有时候会被喷洒过药剂的植物吸引，尽管这种植物不是它们天然的食物。如果使用了像含砷的除草剂这样毒性较强的药剂，动物对枯萎植物的强烈食欲会导致灾难性的后果。如果碰巧植物本身有毒，或者长有荆棘和芒刺，一些毒性较轻的除草剂也可能导致动物死亡。比如，牧场上的毒草在喷洒过药剂之后突然对牲畜具有强大的吸

◎ 阅读理解

[1]不了解真相的人往往将眼前的现象视为正常，意识不到自己的行为对大自然的负面作用，也过度消耗了人类的人力、财力、物力，事倍功半，得不偿失。一旦了解了真相，人类便懂得如何取舍和合理行动。

◎ 阅读理解

[2]人类亲手制造的维护自身利益的除草剂，最后的结果是损害了人类的健康，影响了人类的繁衍。

引力，牲畜就会因沉溺于这种异常的口味而死亡。兽医药物文献中有很多类似的例子：猪吃了喷洒过药剂的苍耳后会患上严重的疾病；羔羊吃了喷过药的蓟草会患重病；荠菜开花后喷药会使蜜蜂中毒。野生樱桃的叶子就有很强的毒性，一旦喷洒过2.4-D之后，会对牛产生致命的诱惑。很明显，喷药后（或割下来后）的枯萎植物更具吸引力。狗舌草是一个不寻常的例子。除非在深冬和早春没有其他食物这种迫不得已的情况下，不然的话，牲畜是不会吃这种草的。然而，在喷洒过2.4-D之后，牲畜就很难抵抗这种草的诱惑。这种奇怪行为的诱因可能是化学药品改变了植物体内的新陈代谢。喷过农药之后，植物体内的糖分会显著增加，使得这种植物对动物更具吸引力。[1]

2.4-D另一个奇怪的作用对牲畜、野生动物和人类都有巨大的影响。十年前的实验证明，经过这种化学药品处理之后，玉米和甜菜的硝酸盐成分会急剧增加。高粱、向日葵、紫露草、羊腿藜、苋、荨麻都有类似的反应。牲畜毫不在意植物被喷过2.4-D，吃得津津有味。据一些农业专家讲，很多家畜的死亡可以追溯到喷过药的野草。对于反刍动物奇特的生理机能而言，硝酸盐成分的增加是一个很大的威胁。这种动物具有极其复杂的消化系统，它们的胃分为四个腔室。纤维素的消化是通过其中一个腔室的微生物（瘤胃细菌）的活动完成的。如果动物吃了硝酸盐含量异常高的植物，瘤胃内的微生物会把硝酸盐转化为毒性很强的亚硝酸盐。因此，就会发生一连串的死亡事件：亚硝酸盐作用于血液色素，产生一种巧克力色的物质，氧气被这种物质禁锢而无法参与呼吸过程，即氧气无法通过肺部传送到各个组织。因为缺氧，几个小时内动物就会死亡。[2]这样，牲畜吃过经2.4-D处理的野草而死亡的报告就有了合

◎ 阅读理解

[1]前面列举了多种动物因吃喷洒过药剂的植物而中毒得病的现象，令人产生好奇，想寻出答案。段末点明了原因，原来药剂使植物体内的糖分显著增加，对动物产生了致命诱惑。段末的解答如拨云见日，令人豁然开朗。

◎ 阅读理解

[2]仅仅一个喷洒2.4-D的动作，导致植物体内硝酸盐剧增，家畜吃了植物后，瘤胃内微生物把硝酸盐转化为毒性强的亚硝酸盐。亚硝酸盐作用于血液色素，使氧气无法参与呼吸过程，导致动物死亡。这是一个连锁反应，"一着不慎，满盘皆输"，因此人们要防微杜渐啊！

乎逻辑的解释。反刍类野生动物也面临着同样的危险，例如鹿、羚羊、绵羊和山羊等。

尽管有多种原因能够造成硝酸盐的上升，例如干燥的气候，但是2.4-D的广泛应用不容忽视。这种状况已经引起威斯康星大学农业实验室的重视，工作人员在1957年曾发布警告："被2.4-D杀死的植物可能含有大量的硝酸盐。"人类和动物面临同样的危险，这有助于解释近来不断发生的神秘的"粮仓死亡"事件。含有大量硝酸盐的玉米、燕麦或高粱在储藏期间会释放出有毒的氧化氮气体，任何人进入粮仓都会受到生命威胁，呼吸几口氧化氮就会引发化学性肺炎。在明尼苏达大学医学院研究的一系列类似的案例中，除了一人外，其余全部死亡。

◎ 写作分析

[1]用形象的比喻说明了不懂自然规律的状态。

"我们在大自然中行走就像在摆满瓷器房间里乱闯的一只大象一样"，[1]对于杀虫剂的使用，荷兰一位科学家高瞻远瞩地说，"我认为有很多事，我们都是抱着想当然的态度。我们并不知道田地里所有的野草是否都有害，甚至不知道其中还有一些是有益的植物。"很少人会注意到这个问题，那就是野草和土壤的关系如何？即使从人类自身的直接利益来考虑，它们的关系也是有用的。正如我们所知，土壤与地下和地上的生物之间存在一种彼此依赖、互惠互利的关系。[2]野草会从土壤中汲取一些东西，它们也会给予土壤一些东西。最近，荷兰一座城市的花园就很好地证明了这种关系。那里的玫瑰生长状况不是很好，土壤取样检测表明有严重的线虫感染。荷兰植物保护局的科学家们并没有建议使用化学药品喷剂或进行任何土壤处理，而是建议间种上一些金盏花。毫无疑问，纯化论者一定会把这种植物当作玫瑰花坛中的杂草。实际上，金盏花的根部会分泌一种可以杀死线虫的物质。于是，人们在一

◎ 阅读理解

[2]世界上除了人类，还有万物。有时人类总会在非理性的状态下，以人类为中心做出一些荒唐的事。任何一种生物的存在，都有其合理性的，都是自然的结晶，我们应该尊重它们的生长规律，与它们互利共生，而不是横加破坏。

些花坛中栽种了一些金盏花，而另外一些花坛则没有种植。结果令人称奇，在金盏花的帮助下，玫瑰生长得十分旺盛；而没有栽种金盏花的花坛里，玫瑰都病恹恹的，无精打采地耷拉着。如今，很多地方都开始使用金盏花来对付线虫。被我们无情地铲除的其他植物，可能会以一种不为人知的类似方式，对土壤的健康发挥着必要的作用。[1] 自然植物群落（被污蔑为"杂草"）的一个重要作用就是指示土壤状况。在使用化学除草剂的地方，它们的这种功能肯定已经丧失了。

那些用药物解决一切问题的人们忽略了一件具有科学意义的事情——保护自然植物群落。我们需要这些植物作为人类活动所引起变化的参照物。它们还能为各种昆虫和其他生物的原始群体提供栖息地，因为昆虫和其他生物的耐药性正在改变它们的遗传物质（将在第十六章详细解释）。一位科学家甚至建议，在昆虫的基因进一步改变之前，我们应该建立一个保护昆虫、螨类以及类似种群的"动物园"。

一些专家就除草剂日益广泛的使用而产生的细微却影响深远的植被变化提出了警告。化学药剂2.4-D可以杀死阔叶植物，使草类因失去竞争者而疯长。如今，一些草本身变成了"杂草"，成了新的防治目标，整个循环又重新开始。这个奇怪的问题已经在最近一期的农业杂志上得到了证实，"2.4-D的广泛使用限制了阔叶植物，使得草类生长迅猛，进而成为玉米和大豆新的威胁"。

花粉病患者的病原——豚草就是一个人类企图控制自然却作茧自缚的例子。高达成千上万升的化学除草剂以防治豚草的名义喷洒到了路边。然而，不幸的是，豚草不但没有减少，反而变得更多。[2]豚草是一年生植物，幼苗在

◎ 阅读理解

[1]万物相生相克，人类只要开动脑筋，遵循自然规律来解决问题，就容易使问题得到完美解决，不给自己留下遗患。而人类总是肆意妄为，做出一些"杀敌一万，自损三千"的吃力不讨好的事来。这个事例的引用，为人类改进与大自然相处的方式提供了范本。

◎ 阅读理解

[2]防治豚草用上面所提到的方法——生物控制即可。退而求其次，使用了化学除草剂，但使用得过量了。豚草在化学除草剂的作用下，产生了抗药性，不但没有除尽豚草，反而让豚草增加了。人类这样做为了维护自己的利益，最后却伤害了自己，使许多人得了花粉病。

57

开阔的土地上才能生长。所以，治理这种植物的最佳办法就是保持茂密的灌丛、蕨类植物以及其他多年生植物。喷洒药剂通常会破坏这些保护性植被，开辟了广阔的空间，豚草就会见缝插针地疯狂占领这些地方。另外，空气中的花粉含量可能与路边的豚草并无关系，而是与城市地块上与休耕地上的豚草密切相关。

舍本逐末的做法曾盛极一时，马唐草专用除草剂的销量猛增是其中另一个例子。与年复一年地使用化学药品相比，还有一种更廉价、更有效的方法清除这种草，那就是让它与其他草类竞争，因为它在竞争中不占任何优势。马唐草只能在长势不好的草坪上生长，这是一种特征，而不是一种疾病。提供肥沃的土壤，使我们需要的草类健康成长，就能创造一个不适合马唐草生长的环境，因为只有在开阔的空间它才能年复一年地生长。[1]

化学药品生产商把信息传递给花场工人，郊区的农民又从花场工人那里得到建议，所以他们不会去改善土壤状况，而是继续在自家的草坪上喷洒大量除草剂。从各种销售品名上根本看不出它们的特性，很多化学药剂却含有多种毒素，例如汞、砷、氯丹等。根据建议的施用剂量，大量毒素残留在草坪里。例如，一种产品的用户如果按照产品指南，就会在四千平方米的土地上使用二十七千克氯丹。如果使用的是另一种产品，他就会在四千平方米土地上喷洒八十千克产品。我们在第八章中会看到，鸟类的大量死亡令人心痛。但是，这些草坪对人类的危害尚不得而知。[2]

通过实验我们发现，在路边选择性喷药的成功为健康的生态防治提供了可能，因为它可以应用于其他防治计划，如农场、森林和牧场等。这种方法不是以毁灭某一种植物为目的，而是将整个植被当作一个有机整体来管理。

其他一些实实在在的成就也说明了我们可以做到。在防控多余植物方面，生物控制已经取得了显著的成绩。困扰我们的问题，大自然也曾遇到过，通常她用自己的方式成功地解决了。如果聪明的人类懂得观察和模仿自然的话，通常也会取得成功。

对加利福尼亚州克拉马斯草的处理就是一个控制多余植物的出色案例。克拉马斯草，或称山羊草，它的故乡在欧洲（在那里被称作圣约翰草），随着移民一路向西，并于1793年首先出现在美国宾夕法尼亚州兰开斯特市附近。到了1900年，这种草蔓延至加利福尼亚州克拉马斯河附近，并因此得名。到了1929年，这种草已经占据了四百平方千米的牧场。到了1952年，已经有一万平方千米土地遭到侵袭。[1]

不同于山艾这种本土植物，克拉马斯草在当地生态系统中没有自己的位置，其他生物也不需要它。相反，牲畜如果吃了它就会"满身疥疮、口腔溃疡，变得毫无生气"，土地的价值也会随之降低，因而克拉马斯草被认为是罪魁祸首。

在欧洲，克拉马斯草，或者圣约翰草，从来都不是问题，因为与之相适应，有很多昆虫不断进化，它们以克拉马斯草为食，从而很好地控制了克拉马斯草的规模。尤其是法国南部两种豌豆大小的甲壳虫，有着金属般颜色的外壳，完全适应了克拉马斯草，而且只以此为食来繁衍生息。[2]1944年首批引进这两种甲壳虫可以算得上是一次具有历史意义的事件，因为这是北美地区首次使用食草昆虫来控制某种植物。到了1948年，两种甲壳虫繁殖良好，无须进一步引进了。甲壳虫的扩散是这样完成的：首先从原有地区收集甲壳虫，然后以每年数百万只的数量投

◎ **阅读理解**

[1]在短时间里，特别是1929年—1952年，仅仅二十多年时间，这种草便由占地四百平方千米发展到了占地一万平方千米，可见克拉马斯杂草的侵袭速度之快，占地面积之庞大。

◎ **阅读理解**

[2]大自然就是有如此迷人、神奇的力量，它不会使某一种生物灭绝，也不会使某一种生物疯狂地壮大下去，而是出现了另一种生物，即它的天敌来与之抗衡，从而实现生态系统的平衡。

放出去。在一些较小的区域，甲壳虫会自行扩散，一旦克拉马斯草消失后，它们就开始转移，然后在另一个地方精准地安营扎寨。随着克拉马斯草的消退，人们需要的牧草又渐渐繁荣起来。

1959年完成的一项十年调查显示，克拉马斯草的防治取得了"比那些热心肠的预期更好的效果"，这种草的数量已经减少到了原来的百分之一。剩余的草已经不构成危害了，而且实际上这些草也是必需的，因为要保持一定数量的甲壳虫，以防止克拉马斯草东山再起。

另一个经济高效的杂草防治的例子发生在澳大利亚。当年，殖民者经常会带一些植物或动物来到新的国家。大约在1787年，一位名叫亚瑟·飞利浦的船长带了各种仙人掌来到澳大利亚，用来培育制作染料的胭脂虫。其中一些仙人掌"逸出"了他的花园，到了1925年，大约出现了二十种野生仙人掌。在新的地方失去了天然的控制，仙人掌得以迅速生长，最终占据了约二十四万平方千米的土地。在这些土地中，至少有一半完全成了仙人掌的天下，从而变得毫无用处。[1]

1920年，一批澳大利亚昆虫学家前往南北美洲，研究当地仙人掌的昆虫天敌。经过对几种昆虫的反复试验，他们在1930年把三十亿颗阿根廷蛾卵带回了澳大利亚。

七年后，最后一片遭受仙人掌破坏并变得不宜居住的地区又适宜定居和放牧了，整个计划的成本是每四千平方米不到一便士。相反，最初的化学控制成本是每四千平方米十英镑，结果却不尽人意。

这些例子都表明，控制各种多余的植物时，可以关注食草昆虫的作用。这些昆虫可能是食草动物中最挑剔的，它们极其严格的饮食很容易为人类做出贡献，牧场管理科学却基本上忽略了这种可能性。[2]

◎ **写作分析**
[1]列举一个例子来说明生物控制的有效性。不仅仅是仙人掌，应该说很多植物都有发展、壮大自己的本能。

◎ **写作分析**
[2]总结上文，指出控制各种多余的植物的新方法。文章不只是反对使用化学药品，可以说文章有破有立。

这一章是介绍在使用化学药品背景下地球上的植物的命运。本来会很枯燥的文字，却被作者写得有滋有味。究其原因，一是多种修辞手法的使用，如"水、土壤和地球的绿色斗篷"是比喻的手法，"今天繁荣的除草剂行业却不见一丝谦虚的迹象"则是拟人的方法；二是生动的描写，如对路旁景观的描述；三是植物遭到破坏的具体事例以及新鲜的知识，能够吸引读者，满足读者的好奇心，并给人以教益。

## 回顾训练

1. 填成语。

（1）沿着曲折小溪生长的柳树——这条绿色的生命之带也遭到了＿＿＿＿＿＿＿＿＿＿＿＿。

（2）成百上千个社区的市政领导＿＿＿＿＿＿＿＿化学农药的销售人员和热情的承包商的"演讲"，而承包商则宣称可以收取一定的费用铲除路边的灌木。

（3）因为那些灌丛就像被大火烧过一样的，焦黄而又极其脆弱，曾经的蕨类气宇轩昂、生机盎然，如今却变得＿＿＿＿＿＿＿＿、毫无生机。

2. 保护路边植被有什么意义？

3. 文中说了哪两种喷药方式？作者赞同的是哪种喷药方式？

# 第七章
DIQIZHANG

# 无妄之灾

人们在土地上肆意地使用化学药剂，野生动物和家养动物受到了伤害，甚至被直接杀死，幸存的鸟儿失去了繁育能力，一些羊群和牛群都有中毒和死亡的现象。对此，有关政府部门和化学药品生产商却否认伤害的发生。那么，如果不使用化学药剂，人类在病虫害面前就束手无策了吗？有没有更好的办法呢？

当人类朝征服自然的目标前进时，他们已经创下了令人揪心的破坏纪录，不仅地球遭到了破坏，而且与人类共享地球的其他生物也无法幸免地受到伤害。近来的几个世纪简直就是一部黑色的历史：灭绝性屠杀西部平原野牛、枪手对海鸟的残害，人类为了得到白鹭的羽毛而对其赶尽杀绝。如今，我们为这部黑暗的历史书写新的内容，一场浩劫正在徐徐拉开帷幕：人们在土地上肆意地使用杀虫剂直接杀死了鸟类、哺乳动物、鱼类以及几乎所有的野生动物。在我们生存哲学的指引下，没有什么可以阻挡手拿喷雾枪的人们。在喷药圣战中偶然的受害者根本不值一提，如果旅鸽、环颈雉、浣熊、猫或者牲畜碰巧与害虫生活在同一区域，被雨水般的化学毒药所击倒，任何人也不得抗议。

当今，那些为受害野生动物主持公道的人左右为难。一方面，环保人士和很多野生动物专家断言破坏是极其严重的，甚至是灾难性的；而另一方面，昆虫防控部门却斩钉截铁地否认伤害的发生，即使有伤害，也没有什么严重的后果。我们应该相信谁呢？

目击者的说法是最可信、最重要的。在现场的职业野生动物学家最有可能发现并解释野生动物所受到的伤害。昆虫专家受其专业围限，而且打心里也不愿承认自己的控制活动附带毒害作用。州政府和联邦政府防治人员，再加上化学药品生产商则一直否认生物学家的报告，并声称没有任何证据表明对野生动物造成了伤害，就像圣经故事中的牧师和利未人一样，他们选择无视这些事实。即使我们宽容地把他们的否认当作专家的短视和私利，也并不意味着我们相信他们。

做出判断的最佳方法就是观察主要的防治计划，并向熟悉野生动物习性、并对化学药品持公正态度的观察者请教——当如雨般的毒药从空中洒下，野生动物世界发生了什么变化。对于鸟类观察者、以赏鸟为乐的郊区居民、猎人、渔民或荒野探险者来说，如果什么东西破坏了一个地区的野生动物种群，即使仅在一年的时间内，也等于剥夺了他们享受大自然的合法权利。这是一个令人信服的论点。即使有的时候，一些鸟类、哺乳动物、鱼类在一次喷药后会恢复过来，也会受到严重的伤害。事实上，这样的恢复是不可能的。因为喷药通常是反复进行的，能够令野生动物有自行恢复机会的一次性喷施极为罕见。其结果往往是，造就一个有毒的环境、一个致命的陷阱，不仅原来的动物深受其害，而且新迁来的动物也不能置身其外。喷药的面积越大，造成的伤害也就越大，安全绿洲已经不复存在。

如今，在以昆虫防治计划（几千甚至几万平方千米的土地被喷洒农药）为标志的十年里，在私人和公共用地的用药量激增的这十年中，美国野生动物被伤害纪录和死亡纪录也在不断被刷新。让我们来了解一下这些计划，看看随之发生了什么。

1959年秋天，密歇根南部约一百平方千米的地区，包括底特律市的很多郊区，都被来自空中的艾氏剂颗粒覆盖着。艾氏剂是所有氯化烃中最危险的。这项计划由密歇根州和美国农业部联合制定，目的是控制日本甲虫。

实际上没有必要进行如此猛烈而危险的行动。与上述做法相反的是，美国著名的博物学家、学识渊博的沃特·尼克尔表达了不同的意见。他大部分时间都在田野里度过，而且每年夏天都会在密歇根南部待很长时间。他说：

"三十多年以来，以我的直接经验看，日本甲虫在底特律的数量很少。在过去几年中，并没有发现甲虫数量明显增加。1959年，除了政府在底特律设置的黏虫卡逮住了几只之外，我没见过一只日本甲虫……我从未获得过任何有关日本甲虫数量增多带来危害的信息。"州政府的官方消息宣称，日本甲虫已经在其指定进行空中打击的区域"大量出现"。尽管并不令人信服，这项计划还是如火如荼地开展起来了。密歇根州提供人力，并监管计划的执行，联邦政府提供设备和补充人员，杀虫剂的费用则由各个社区均摊。

日本甲虫是被意外引进美国的。1916年，日本甲虫首次出现在新泽西州，当时，里弗顿市附近的一个苗圃里出现了浑身绿莹莹的甲虫。起初，人们并不认识这些虫子，后来确认它们是日本群岛的普通居民。显然，它们是在1912年实行限制之前，随着苗木进口一起来到美国的。

从进入美国起，日本甲虫就开始在密西西比河以东的各个州扩散开来，因为那里的温度和降雨很适合日本甲虫生存。日本甲虫每年都会向新的领地扩张。在日本甲虫长期生存的东部地区，人们尝试了自然控制的方法。诸多记录表明，在采取了措施的地区，日本甲虫的数量被控制在比较低的水平。

尽管东部地区有合理的控制经验，但是面对近在咫尺的日本甲虫，中西部各州发动了潮水般的攻势，这种攻击足以打击任何顽固的敌人，而不是区区一些虫子。他们使用了最危险的化学药品，使无数的人、家畜以及所有的野生动物都暴露在针对日本甲虫的毒药之下。结果，这些控制日本甲虫的计划导致了大量动物死亡，并使人类面临不可否认的危险。在控制日本甲虫的名义下，密歇根、肯塔基、爱荷华、印第安纳、伊利诺伊以及密苏里的诸多地区都遭到了化学药剂雨水般的袭扰。

其中，密歇根州是最早实施大规模空中喷洒农药防治日本甲虫的州之一。由于艾氏剂是当时最便宜的化学药剂，选择这种最致命的化学药剂，不是因为它的杀伤力大、效果好，而是出于省钱的考虑。虽然州政府透露给媒体的官方消息中承认艾氏剂是一种"毒药"，但是他们宣称这种药剂不会对人口稠密地区的人们造成危害（对于"我们应该采取哪些防护措施？"这种疑问，官方的答复是"什么措施都不用"）。联邦航空局的一位官员在当地媒体上称："这是一次安全的行动。"底特律公园和娱乐部的一名代表也附和道："喷雾对人类无害，也不会伤害植物或者你的宠物。"只能说，这些官员根本没有查阅早已发布的唾手可得的美国公共卫生局、鱼类与野生动物管理局和其他的关于艾氏剂具有剧毒的报道。

密歇根的害虫防治法允许该州无须通知个人或者得到个人允许，便可以进行喷药，于是飞机在低空飞行开始作业。紧接着，市政府和联邦航空局立即被市民担忧的电话包围。据底特律新闻报道，在一个小时内，这些地方接到近八百个电话后，警方向电台、电视和新闻报纸求助，向民众解释他们所看到的情况，告诉他们农药喷施安全无害。联邦航空局的安全官员向公众保证："飞机是受到严密监控的，也得到了低空授权。"他还做了一些错误的尝试来安抚公众的恐慌，补充说飞机上有安全阀门，可以瞬间丢弃所有的药物。所幸的是，这样的事情并没有发生。在飞机作业的时候，弹药似的杀虫剂落在日本甲虫身上，也落在人们身上。"无害"的毒粉砸在购物和上班的人们身上，也扫射到午餐时间走出校门的孩子们身上。家庭主妇们忙着把门廊和人行道上的颗粒物扫出去，据她们说，这些地方就像刚刚下了一场雪。之后，密歇根奥特朋协会指出："在屋顶木瓦的缝隙里，在檐沟里，在树皮和树枝的裂缝里，落满了钉头大小的细小白色艾氏剂黏土混合颗粒……一旦遇到下雨或者下雪，每个水坑都会变成致命的毒剂。"

喷雾行动仅仅几天之后，底特律奥特朋协会便开始接到关于鸟类的求助电话。据协会秘书长安妮·博伊斯夫人讲："在星期天的早上，我接到了第一个有关鸟类的电话，一名妇女说她在教堂回家的路上看到许多已经死亡和濒临死亡的小鸟，数量触目惊心，这说明人们开始担心喷雾的后果了。喷雾是在星期四完成的。她说，之后所有的地方都见不到鸟儿飞翔了，她还在自家的后院里发现了至少十二只小鸟的尸体，她的邻居还发现了死去的松鼠。"那天博伊斯夫人接到的所有电话都在报告："大量死亡的小鸟，一只活着的都没有……家里有喂鸟器的人说没有一只鸟儿来过。"被发现的垂死的鸟儿表现出典型的杀虫剂中毒症状：颤抖、麻痹、抽搐，丧失飞行能力。

受到直接影响的动物不只是鸟类。一位当地的兽医说，他的诊室里全是给小狗、小猫看病的人。小猫会很细致地舔自己的爪子，梳理头部的毛，所以病情也最严重。它们的症状是严重腹泻、呕吐和抽搐。兽医能给的建议无非是尽量让宠物待在屋里，如果出去的话，回来要立即清洗它们的爪子。但是蔬菜和水果上的氯化烃洗不掉，估计这个防护措施也起不到什么作用。

尽管城镇的卫生专员极力否认，称鸟儿是被"其他喷剂"杀害的，接触艾氏剂后喉咙和胸腔过敏一定是"别的物质"造成的，但是当地卫生部门遭到了潮水般的投诉。底特律一名著名的内科医生在一小时内被请去治疗四名病人，他们都是在观看飞机喷药时接触到了药剂。所有的人都表现出相同的症状：恶心、呕吐、发烧而感觉寒冷、极度疲乏、咳嗽。

使用化学药剂对付日本甲虫的呼声不断升高，使底特律的经历在其他地方重复上演。在伊利诺伊州的蓝岛市，人们发现了几百只已经死亡和奄奄一息的鸟儿。1959年，伊利诺伊州朱利叶市大约有十二平方千米土地经七氯处理。据当地一家猎人俱乐部的报告，经过处理的区域内鸟类"几乎死光了"。兔子、麝鼠、负鼠和鱼类也大量死亡。当地的一所学校收集中毒而死的鸟类，并作为一个科研项目……

可能不会有别的地方比伊利诺伊东部的谢尔顿市和相邻的易洛魁县地区的遭遇更加悲惨了，为了打造一个没有日本甲虫的世界。1954年，美国农业部联合伊利诺伊农业局开始沿入侵路线根除日本甲虫，希望借高密度的喷洒药剂消灭所有入侵的日本昆虫。第一次铲除行动就在当年发生了，六平方千米的土地上被喷洒了狄氏剂。1955年，另外十一平方千米的土地受到了同样的处理，原以为已经完成任务。然而，越来越多的地区要求进行化学防治，结果到1961年末，大约有五百三十平方千米土地进行了喷药杀虫。

在喷药进行的第一年，就有很多野生动物和家畜死亡了。尽管如此，在没有与美国鱼类与野生动物管理局或伊利诺伊狩猎管理部门协商的情况下，化学治理还是得以进行。（然而，在1960年春天，农业部的官员在一次国会上对一项要求提前协商的法案提出了反对意见。他们委婉地宣布，这项法案没有必要，因为合作和协商是"经常性的"。这些官员根本想不起"在华盛顿层面"那些不予合作的情况。在当天的听证会上，他们也明确表示不愿意与州渔业和狩猎部门协商。）

化学防治的资金总是源源不断，但是伊利诺伊自然历史调查所的生物学家在研究野生动物所受到的伤害时却捉襟见肘（拉一下衣襟就露出胳膊肘儿，形容衣服破烂，也比喻顾此失彼，应付不过来）。在1954年，他们只有一千一百美元用于雇佣一名现场助手，而在1955年则没有任何专门资金。尽管困难重重，生物学家们还是收集了很多事实资料，进而描绘出了野生动物遭受毁灭的悲惨画面——这种毁灭往往在计划刚开始执行时就已经很明显了。

食虫鸟类的中毒程度不仅仅取决于所用的药剂，还与杀虫剂喷施方式有关。在谢尔顿市早期计划中，每四千平方米土地施用了一点四千克狄氏剂。但是，鹌鹑实验已经证明狄氏剂的毒性大约是DDT的五十倍。因此，谢尔顿市每四千平方米土地相当于承受了大约六十八千克的DDT！而且这还是最小值，因为在农田的边沿和角落里人们会重复喷洒。

化学药剂渗入土壤后，中毒的甲虫幼虫因为难受会爬出地面，它们会继续存活一段时间，这样就引来了鸟儿啄食。喷药处理两周后，还会有各种死亡和垂死的昆虫出现在地面上。由此可见，化学药剂对鸟类的影响是显而易见的。褐弯嘴嘲鸫、紫翅椋鸟、草地鹨（liù）、普通拟八哥、环颈雉几乎绝迹。据生物学家的报告，旅鸫几乎"全军覆没"。一场细雨过后，死掉的蚯蚓随处可见，旅鸫可能是吃了有毒的蚯蚓而死的。其他鸟儿的命运也是一样，曾经有益的雨水变成了一种致命的毒药，其原因就是化学药剂的邪恶力量。在喷药几天之后，喝过雨坑里的水或者洗过澡的鸟儿都死去了，无一幸免。

幸存的鸟儿也失去了繁育能力。在处理过的地区，尽管发现有鸟巢，少数几个鸟巢中也有鸟蛋，但是鸟蛋里孵不出小鸟。在哺乳动物中，地松鼠已经灭绝，它们的尸体呈现中毒暴毙的状态。喷药地区也发现了麝鼠的尸体，田野里出现了死去的兔子。狐松鼠曾经是这个地区常见的动物，喷药之后，也难觅它们的身影了。

在对日本甲虫发动战争后，在谢尔顿地区的田野里发现一只猫就算是上帝的恩赐了。在实施喷洒计划的第一个季节，百分之九十的猫成了狄氏剂的受害者。由于这些毒药在别处留下了黑色记录，这样的悲剧是可以预知的。猫对所有的杀虫剂都极为敏感，尤其是狄氏剂。在爪哇西部，由世界卫生组织开展的抗疟运动中，很多猫都死掉了。在爪哇中部，猫死得非常多，以至于猫的价格翻了一倍还多。同样，世界卫生组织在委内瑞拉开展的喷药活动，导致那里的猫成了珍稀动物。

在谢尔顿地区，杀虫运动的受害者不仅仅是野生动物和宠物。通过观察发现，一些羊群和牛群都出现了中毒和死亡的现象。自然历史调查所对其中一起事件进行了如下报告：

> 穿过一条砾石路，羊群被赶到了一块很小的、未经喷药的早熟禾牧场，因为原来的农田在5月6日喷洒过了狄氏剂。很明显，一些飞沫已经穿过马路侵袭了这片牧场，因为羊群立刻出现了中毒的症状……它们不想吃草，显得烦躁不安，沿着牧场栅栏转来转去，想要找到出口……它们不愿意受到驱赶，不停地咩咩叫着，头也耷拉着；最后，它们被带离了牧场……羊群表现出很想喝水的症状。在穿过小溪旁时，有两只羊已经死了，剩下的羊被赶离溪水边，还有一些羊是被硬生生拽走的。最终有三只羊死亡；其余的慢慢恢复过来了。

这就是1955年末的情况。尽管在随后的几年中，化学战仍在持续，但是研究其危害的经费却已经被掐断了。自然历史调查所把需要的野生动物与杀虫剂的研究经费列在向伊利诺伊立法机构提交的年度预算中，这个要求不可避免地被早早排除在外了。直到1960年，一位野外助手的工资才发到手，而他付出的劳动是一个人同时段工作的四倍。

此项研究在1955年已经完全中断了，到1960年生物学家重新启动研究，野生动物受的灾难仍在继续。与此同时，化学药剂已经换成了毒性更强的艾氏剂，鹌鹑实验证明它的毒性是DDT的一百倍到三百倍之间。到了1960年，在这一地区生活的哺乳动物均受到不同程度的损害。鸟类的情况更加糟糕。在唐纳文镇，与普通拟八哥、紫翅椋鸟、褐弯嘴嘲鸫的情况一样，旅鸫也灭绝了。在其他地方，所有鸟类的数量都在急剧减少。打野鸡的猎手最能强烈地感受到这场屠虫大战的影响。在药剂处理过的地方，鸟窝的数量大约减少了一半，而孵出小鸟的数量也急剧减少。在过去的几年中，这个地方是打野鸡不可多得的好去处，如今由于没有环颈雉出没，已经变得无人问津了。

打着消灭日本甲虫的旗号，人类发起了这场浩劫，在八年的时间里，易洛魁县超过四百平方千米的土地经过药物处理，结果发现，对于这种昆虫的遏制只是暂时的，它们仍在向西扩张。这次低效计划造成的损失恐怕永远无法计算出来，因为伊利诺伊生物学家给出的结果仅是一个最小值。如果有充足的经费来开展全面调查的话，结果可能会令人震惊。但是，在计划实施的八年里，总共只有六千美元供生物学家实地研究。与此同时，联邦政府在防治计划中投入了约三十七万五千美元，州政府也提供了几千美元。生物学家们的研究经费不到化学防治计划的百分之二。

中西部地区的这些计划都是在一种恐慌的情绪下开展的，好像日本甲虫的扩张造成了极端的威胁，为了对付它们可以不择手段。这显然是对事实的曲解，如果承受了化学药剂侵害的人们了解了日本甲虫在美国的早期历史的话，他们就不会对漫天飞舞的毒药保持缄默了。

东部各州的运气很好，日本甲虫入侵是在合成杀虫剂发明之前，它们不仅避免了虫灾，成功地控制了日本甲虫的数量，并且采用的方法对其他生物不会构成威胁。与底特律和谢尔顿的喷药相比，东部可以说是风平浪静。这些方法充分发挥了自然的力量，效果显著而持久，而且不会对环境造成破坏。

日本甲虫在进入美国最初的十几年中，失去了本土的控制因素，其数量增长迅猛。但是直到1945年，在日本甲虫蔓延的地方它们不构成什么危害。因为从远东引进的一种寄生虫成了日本甲虫致命的病原体，使日本甲虫的数量逐渐减少。

经过仔细搜寻，从1920年到1933年，科学家在东亚本土找到了三十四种捕食或者寄生昆虫，用来进口以实现自然控制。这些昆虫中，有五种在美国东部很好地生存了下来。其中效果最好、分布最广的是来自朝鲜和中国的一种寄生黄蜂。雌蜂在土壤中找到甲虫幼虫后，会将一种液体注入甲虫幼体内，使其麻痹，然后把一只卵放入幼虫的表皮之下。蜂卵孵化后的幼虫会慢慢吃掉麻痹的甲虫幼虫。在大约二十五年的时间里，通过各州政府与联邦机构的项目合作，东部的十四个州引进了这种黄蜂。黄蜂在这片区域得到了发展，它们在控制日本甲虫方面的贡献也得到了昆虫学家们的认可。

一种细菌性疾病发挥了更为重要的作用。这种疾病可以影响日本甲虫所属的金龟子科昆虫。它是一种非常特别的细菌，不会攻击其他昆虫，对蚯蚓、温血动物和植物都很安全。这种细菌芽孢生长在土壤中。当被甲虫幼虫吞食后，它会在幼虫的血液里迅速繁殖，使其呈现出异常的白色，因此这种病被称为"乳白病"。

乳白病是在1933年新泽西州被发现的。到了1938年，乳白病在日本甲虫较早侵袭的地区已经非常普遍了。为了加速扩散这种疾病，政府在1939年开展了一项防控计划。当时并没有发明扩散病原体的人造媒介，但是人们找到了一种很有效的替代物。把受感染的幼虫碾碎、晾干，然后与白灰混合。按照标准，每克混合物中含有一亿芽孢。通过联邦政府的合作计划，从1939年到1953年，东部的十四个州约有三百八十平方千米的土地得到了处理；属于联邦政府的其他土地也得到了处理；另外，各组织和个人也在广大的区域上自行进行了处理。到了1945年，乳白病已经在康涅狄格州、纽约州、新泽西州、特拉华州以及马里兰州扩散开了。在一些实验地区，幼虫的感染率高达百分之九十四。1953年，政府组织的扩散计划结束，转而由私人实验室接管，以便继续供给个人、园艺俱乐部、公民协会以及所有其他对防治甲虫感兴趣的人们。

东部地区通过开展此项计划，实现了对日本甲虫的自然控制。引起乳白病的细菌可以在土壤中存活很多年，提高了控制效率，并可以通过自然媒介继续传播。既然在东部有如此成功的经验，为什么不在伊利诺伊州以及其他中西部地区尝试同样的方法，而是对日本甲虫疯狂地发动了化学战争呢？

有人告诉我们，用引起乳白病的细菌芽孢接种"太昂贵"，但在20世纪40年代的东部十四个州却没人这么认为。到底使用了怎样的计算方法得出"太昂贵"的结论的呢？这显然不是通过对谢尔顿喷药的真正损失计算出的。这种判断还忽略了一个事实——芽孢只需接种一次，可以毕其功于一役。

也有人说，芽孢在甲虫分布的边缘地带不能使用，因为它们只能在甲虫密集的土壤中才能生存。跟其他支持喷药行动的言论一样，这种观点同样值得怀疑。引起乳白病的细菌可以感染至少四十种甲虫，这些甲虫分布广泛，即使日本甲虫很少或者根本没有，也能保证它们存活。此外，由于芽孢能够在土壤中存活很长时间，可以在没有甲虫的区域或者甲虫出没的边缘地带预先撒播，静候甲虫的光临。

一方面，那些不惜一切代价、希望效果立竿见影的人们一定会继续使用化学药剂来对付甲虫。对于那些从现代"计划性淘汰"中得到好处的人们也一样，因为化学防治永续不断，需要频繁更新，投入巨大。

另一方面，那些希望得到圆满结果的人们愿意等上一两个季节，所以他们会选择乳白病这种防治方法；他们将得到长久的回报，而且随着时间的推移，控制的效果会越来越好。

美国农业部在伊利诺伊州皮奥瑞亚的实验室正在进行一项广泛的研究，希望找到人工培育引起乳白病细菌的方法，这将极大地降低成本，并促进这种方法的广泛应用。经过多年的努力，有一些成果相继问世。一旦这种"突破"得以实现，我们对怎样防治日本甲虫就可能重拾一些理智和远见，人们就会意识到，之前在中西部进行的灭虫行动所造成的浩劫简直就是一场噩梦……

伊利诺伊州东部的喷药事件体现出的问题，不仅属于科学层面，而且属于道德层面。是否任何文明都能为了自身，对其他生命任意发动战争，而不会丧失其"文明"资格？这些杀虫剂不是选择性毒剂，它们不会精心挑选出我们要攻击的那一类生物。它们是致命的毒药，因此，它们会杀死所有接触到的生物：主人心爱的小猫、农民饲养的牛、田野里的兔子以及空中飞翔的角百灵。这些动物对人类不构成任何危害，相反，它们的存在给人类带来了很多乐趣，然而人类回报给它们的是突然的、惊惧的死亡。谢尔顿市的一位科学观察员对一只垂死的草地鹨做了如下描述："它斜躺在一边，尽管它的肌肉失去了协调能力，飞不起来，也难以站立，但仍然扑棱着翅膀，爪子也挣扎着要试图抓住什么东西。它的嘴张着，呼吸显得特别吃力。"已经死去的松鼠做出了更加可怜的无声控诉，它们呈现出的"死亡状态非常特别。背部深深地弯曲着，两只前爪紧紧抱在一起，努力伸向胸前……头和脖子向外伸着，通常嘴里咬着泥土，说明它们死亡前曾啃咬过地面"。

对于给其他生物造成极大痛苦的这种行为，我们居然默许了。作为人类，我们当中有谁能够免遭拷问呢？

# 第八章
DIBAZHANG

## 消失的歌声 [精读]

人们对鸟儿情有独钟，描写鸟儿的声音的词语很多，如鸟语花香、莺声婉转、黄莺出谷、声如莺啼、莺声燕语等，但是，由于化学药品的使用，鸟儿在消失，大自然变得寂静下来。那么，鸟儿是怎样殒命的？鸟儿的繁殖能力是怎样遭到破坏的？大自然为什么丧失了鸟儿美妙的声音？这些又给人类带来了怎样的损害？这一章主要通过旅鸽、鹰的命运告诉人们：化学防治恰恰是对人类行为的讽刺。

如今，美国越来越多的地区已经看不到鸟儿来报春了；以往的清晨都能听到鸟儿美妙的啭鸣，现在已经变成了一片死寂。鸟儿的歌声连同给我们带来的色彩、美感和乐趣消失得如此迅速又悄无声息，以至于那些未受影响的居民都没有觉察到任何异常。[1]

◎ **写作分析**
[1]开篇即写鸟儿不来报春的现象，形象，扣题。

伊利诺伊州辛斯戴尔镇的一位家庭主妇绝望地给一名世界著名的鸟类学家、美国自然历史博物馆鸟类馆名誉馆长罗伯特·墨菲写了一封信。信中说道：

在我们的村子里，最近几年一直在给榆树喷药（她写于1958年）。六年前我们搬到了这里，那时候鸟类多种多样，我安装了一个喂鸟器。每年冬天，红雀、山雀、绒啄木鸟、鸭都会陆陆续续地飞来觅食。夏天的时候，红雀和山雀会把幼鸟带来。喷洒了几年的DDT之后，镇上的旅鸫和紫翅椋鸟已经消失了；两年来，山雀再也没有光顾过我家的架子，今年红雀也不见了；在附近筑巢安家的鸟类好像只剩下了一对鸽子，可能还有一窝嘲鸫。[1]

孩子在学校里学到的知识是，联邦法律禁止杀害和捕捉鸟类，所以很难向他们解释鸟儿为什么被杀死了。"它们还会回来吗？"他们问。我不知道该怎么回答他们。榆树也在渐渐死去，鸟儿更无法幸免。我们采取什么措施了吗？能有什么办法吗？我可以做些什么呢？

联邦政府为了对付火蚁，开展了大规模的喷药计划，一年后，亚拉巴马州的一位妇女写道："我们这个地方在过去的半个世纪里一直是名副其实的鸟类乐园，去年7月我们还在议论：今年的鸟儿比以前来得更多。突然，在8月的第二个星期，它们全部不见了。最近，我心爱的一匹马刚刚产下了一个小马驹，我习惯早起来照料它们，但是却听不到一丝鸟鸣。这种情况既怪异又让人害怕。人们对我们美丽至极的世界做了些什么？直到五个月之后，我才终于见到了一只冠蓝鸦和一只鹪鹩。"[2]

在她提到的那个秋天里，美国南部地区也发布了一些严峻的报告。国家奥特朋协会与美国鱼类及野生动物管理局在共同出版的季刊《野外瞭望》中提到，在密西西比、路易斯安那和亚拉巴马出现了"鸟类全部消失的奇怪现象"。《野外瞭望》杂志收录的报告均来自富有经验的观察家。他们在当地生活多年，深谙当地鸟类的习性。一位观察家说，她在密西西比南部开车行驶了很长的路程，连一只鸟儿也没看见。另一位来自巴顿鲁治的观察员说，她的喂食器已经有好几个星期没有鸟儿来过了，以前这个时候，院子里灌丛的果实早就被鸟儿啄食干净了，可是现在灌木上的浆果满满当当的。还有一位观察者提到，他家的落地窗前通常会遍布着四五十只红雀，还有其他各种鸟儿，现在能见到一两只都很难了。西弗吉尼亚大学的莫里斯·布鲁克斯教授是阿巴拉契亚地区的鸟类专家，他在报告中提到，西弗吉尼亚地区的鸟类数量"锐减的速度令人难以置信"。

有一个故事可以作为鸟类悲惨命运的象征———一些鸟儿已经惨遭厄运，所有的鸟儿也面临着这样的危险，这就是大家所熟知的旅鸫的故事。对于千百万美国人来说，年度中第一只旅鸫的到来意味着冬天的牢笼被打破了。旅鸫的造访往往能登上报纸的版面，也会成为人们早餐时间津津乐道的话题。旅鸫不断飞来，森林里也萌发了丝丝绿意。在清晨的阳光下，无数的人聆听第一首旅鸫的合唱，美妙的音符在明媚的阳光下翩翩起舞。但是现在一切都变了，甚至鸟儿的光临也成了奢望。[1]

旅鸫和其他鸟类的命运看来与榆树是紧密相连的。从大西洋沿岸到落基山山脉，榆树是成千上万个城镇历史的组成部分，它们浓密的枝叶形成了雄伟的绿色拱廊，给无数的街道、广场和校园增添了十足的魅力。可是，现在一种疾病横扫了所有的榆树，很多专家都认为这种疾病过于严重，榆树已经无药可救了。失去榆树固然令人心痛，如果在救治榆树的徒劳中置大鸦类于死地，后果会更加悲惨。然而，这就是正在发生的事情。[2]

所谓的荷兰榆树病，是在大约1930年的时候，随着饰板业进口榆树段而进入美国的。这是一种真菌疾病。这种细菌会侵入榆树的输水导管中，芽孢通过树液的流动进

◎ 阅读理解
[1]连鸟儿的光临也成为奢望，谈何再现那美丽的诗意的景色？这样的内容更易引起读者对这种现象的思考。

◎ 写作分析
[2]开始谈鸟类和榆树的关系，和上文"榆树也在渐渐死去"呼应。榆树的存亡直接影响着鸟类的存亡。

行扩散，它们通过分泌的有毒物质和阻塞作用，使树枝枯萎，致榆树死亡。这种疾病通过榆树皮甲虫从病树扩散到健康的树。甲虫会在死去的榆树皮下开凿通道，而通道里真菌的芽孢挤得满满当当，芽孢会附在甲虫身上，甲虫飞到哪里，就把疾病带到哪里。控制这种疾病的主要方法一直是控制传播媒介——甲虫。于是在很多地方，尤其是中西部和新英格兰地区这些榆树集中的地方，人们开展了大规模的长期喷药行动。[1]

两位鸟类学家首次揭示了这种喷药行动对鸟类，尤其是对旅鸫的影响，他们分别是密歇根州立大学乔治·华莱士教授和他的学生约翰·麦纳。1954年，麦纳先生开始攻读博士学位，他选择了与旅鸫相关的研究课题。这也许是个巧合，因为那时候没有人认为旅鸫正面临危险。但是，就在他开始工作的时候，事情发生了。这件事改变了他的课题的性质，并剥夺了他的研究对象。

1954年，针对荷兰榆树病的喷药行动仅在大学校园的小范围内进行。到了第二年，东兰辛市（这所大学的所在地）加入了行动，校园喷药范围开始扩展。由于当地针对舞毒蛾和蚊子的防治计划也在进行，于是化学药剂从烟雾蒙蒙演变成倾盆大雨。[2]

1954年蜻蜓点水的喷药过后，一切正常。第二年春天，旅鸫像往常一样飞回了校园。像汤姆林森的著名散文《失去的森林》里的风信子一样，回到自己熟悉的地方时，它们"没有预感到会发生不幸"。但是，很快问题就出现了。校园里的旅鸫不是已经死亡，就是奄奄一息。在它们以前觅食和栖息的地方，见不到一只鸟儿；没有新建的鸟巢，也没有小鸟孵出。接下来的几个春天情况还是一样。喷药的地方已经变成了死亡陷阱，每一波迁徙至此的旅鸫在一周内就会面临死亡。还会有鸟儿来到这里，它们都会在这里痛苦地颤抖着慢慢死去。

华莱士教授说："对于想在春天里筑巢的那些鸟儿来说，校园已经变成了它们的墓地。"但是，为什么会这样呢？起初，他怀疑是鸟儿的神经系统出了毛病，但是真相很快就水落石出了，旅鸫是因为误食杀虫剂中毒而死的，而不是像喷药人保证的那样"对鸟类无害"。它们的典型症状包括失去平衡、颤抖、抽搐，最终死亡。

一些事实表明旅鸫中毒不是因为与杀虫剂直接接触，而是因为吃了蚯蚓。在一项研究中，一些蝼蛄偶然吃了蚯蚓，结果这些蝼蛄立刻死了。实验室的一条蛇吃了蚯蚓之后，立刻剧烈颤抖起来。而蚯蚓是旅鸫春天的主要食物。[1]

很快，位于厄巴纳市的自然历史调查所的罗伊·巴克博士就补全了旅鸫死亡迷局的一块关键拼图。巴克博士的著作于1958年出版，该书揭示了错综复杂关系中的关键线索——旅鸫的命运通过蚯蚓与榆树联系起来了。榆树在春天被喷洒了农药（通常剂量是十五米高的一棵树使用一到二点三千克DDT，相当于在榆树密集的地方每四千平方米施用十千克），在7月份，通常会以一半的剂量再喷洒一次。强力喷雾枪给所有的高大树木均匀地喷上了农药，不仅杀死了预定目标——小蠹虫，还杀死了其他昆虫，包括传粉昆虫、捕食的蜘蛛和甲虫。毒素紧紧黏在叶子和树皮上，雨水也冲刷不掉。秋天，树叶落在地上，积成湿湿的几层，并开始与土壤慢慢结合。在整个过程中，勤劳的蚯蚓帮了大忙，它们以残叶为食，而榆树叶是它们最喜爱的食物之一。蚯蚓在吃树叶的同时，也吃下了杀虫剂，并在体内不断累积、浓缩。[2]巴克博士在蚯蚓的消化道、

◎ 阅读理解

[1]借蝼蛄、蛇吃蚯蚓而死来侧面说明旅鸫死去的原因，揭示喷洒化学药剂的危害。

◎ 阅读理解

[2]揭示蚯蚓和杀虫剂的关系。蚯蚓因吃了含有杀虫剂的树叶而使毒素在体内累积。

血管、神经组织和体壁中都发现了DDT。毫无疑问，一些蚯蚓中毒而死，但是幸存的就变成了毒素的"生物放大器"。春天，旅鸫飞回来之后，整个循环中又增加了一环。十一条大蚯蚓体内所含的DDT足以毒死一只旅鸫。一只鸟儿在十几分钟之内就可以吃掉十到十二条蚯蚓，可见十一条蚯蚓只是旅鸫一天食量的一小部分。[1]

并不是所有的旅鸫都摄入了致命的剂量，但是另一种破坏作用一样会导致它们的灭绝。不孕的阴影笼罩了所有被研究的鸟类，在药剂所及范围之内，所有生物都无法逃脱。在密歇根大学零点七平方千米的土地上，如今每年春天只有二三十只旅鸫，而在喷药之前，保守估计也有三百七十只左右。1954年，麦纳观察到旅鸫都会产下鸟蛋。到了1957年6月末，校园里应该至少有三百七十只幼鸟在觅食（与成鸟的数量相对应），然而麦纳只发现了一只。一年后，华莱士教授提道："1958年的春天和夏天，在校园里我没看见一只幼鸟，而且截至目前，也没有听说别人发现过。"

当然，没有幼鸟出生的部分原因是，在筑巢完成之前，一对或者更多的旅鸫就已经死了。但是华莱士发现了一个更为可怕的事实——鸟儿的繁殖能力遭到了破坏。[2]例如，他记录的"旅鸫和其他鸟类都筑了巢却没有下蛋，而那些下了蛋的鸟却孵不出小鸟。我们观察了一只旅鸫，它忠实地孵了二十一天，但却没有孵出幼鸟，而正常的孵化时间是十三天"。分析的结果显示，繁殖期的鸟儿的睾丸和卵巢里有大量的DDT，他在1960年的国会委员会上说，"十只雄鸟睾丸的DDT含量为百万分之三十到百万分之一百零九，两只雌鸟卵巢中卵泡的DDT含量为百万分之一百五十一到百万分之二百二十一"。

很快，其他地区的研究也得出了令人沮丧的结果。威

◎ 阅读理解

[1]进一步揭示原因。十一条蚯蚓体内的DDT含量便可使旅鸫送命，而旅鸫一天吃的蚯蚓数量远不止十一条，送命也就必然了。

◎ 阅读理解

[2]这是比杀死一只鸟更严重的事实，所以说是"更为可怕"的。

斯康星大学的约瑟夫·希基教授和他的学生们把喷药地区和未经处理地区做了对比研究，发现旅鸫的死亡率至少为百分之八十六到百分之八十八。位于密歇根州的克兰布鲁克科学研究院，试图评估给榆树喷药所造成的鸟类伤亡程度，于是在1956年，研究人员要求所有疑似DDT中毒的鸟类都要送到该院做检查。对此，人们的回应大大超出预期。在接下来的几个星期之内，该院常年闲置的机器一直在超负荷运转，只好拒绝了很多鸟类的检测。到了1959年，仅在这一个社区就有一千只中毒的鸟儿送来检查或报告给该院。旅鸫是主要的受害者（一名妇女给该院打电话，说她家的草坪上死了十二只旅鸫），而送到该院检查的鸟类总共有六十三种。[1]

所以旅鸫只是榆树防治行动造成毁坏的其中一环，而对榆树喷药只是全国进行的各种防治计划中的一个。已经有九十种鸟类出现了大量死亡，其中包括郊区居民和业余的自然学家最熟悉的种类。在一些喷过药的城镇，筑巢的鸟类数量减少了百分之九十。正如我们看到的那样，所有种类的鸟都受到了影响——地上觅食的、树上啄食的、树皮上捕猎的和食肉鸟类等。

有理由推测，以蚯蚓或其他土壤生物为主食的所有鸟类和哺乳动物都将面临旅鸫的命运。约有四十五种鸟类的食物中包含蚯蚓，其中一种鸟是丘鹬（yù）。它们一般在南方过冬，而那里近来已经喷洒了大量七氯。如今，关于丘鹬有了两个重要发现：新不伦瑞克的繁殖地出生的幼鸟数量急剧减少，而且成鸟体内含有大量的DDT和七氯残留。[2]

令人不安的是，已经有证据表明，有二十多种地面觅食的鸟类出现了大量死亡，它们的食物——蠕虫、蚂蚁、蜻蜓或其他土壤生物都是有毒的。这里面包括三种鸫，它们的优

◎ 阅读理解

[1]不检查不知道，一检查结果令人触目惊心。因DDT中毒的鸟类数量之多、品类之繁令人震惊。人类对大自然的破坏程度逐渐加深。

◎ 阅读理解

[2]对榆树喷洒药剂，旅鸫最先受害，进而恶劣影响波及更多的鸟类。以丘鹬为例，反映了DDT对它有巨大危害性，使幼鸟数量急剧减少，使其繁殖能力下降，并危及生物种群的存亡。

78

美歌喉在鸟类中出类拔萃，这几种鸟分别是斯氏夜鸫、棕林鸫和隐夜鸫。还有那些掠过灌丛、沙沙地在落叶中觅食的鹀——歌带鹀和白喉带鹀，也成了喷药的受害者。

哺乳动物也很容易直接或间接地卷入这个体系。蚯蚓是浣熊的主要食物，负鼠在春天和秋天的时候也会吃蚯蚓。像地鼠和鼹鼠也会大量捕食蚯蚓，而且很可能会把毒素传播给角鸮和仓鸮这类猛禽。[1]

春天一场暴雨过后，威斯康星州出现了几只死去的角鸮，它们可能吃了中毒的蚯蚓。鹰和鸮都出现了抽搐的状况——雕鸮、角鸮、赤肩鵟和雀鹰等。这些可能就是二次中毒的案例，它们可能吃了其他鸟类或者鼠类，而被捕食的动物肝脏或别的器官里积累了大量的杀虫剂。

因榆树喷药而面临危险的不仅仅是在地面觅食的动物或它们的猎食者，在树叶上找昆虫吃的鸟儿也消失了，包括森林精灵——红冠戴菊和金冠戴菊、很小的鹀以及成群飞舞、五颜六色的莺等。[2]1956年春末，一大群鸣鸟正好碰上一次延迟的喷药，几乎所有飞到这里的鸣鸟都出现了死亡现象。在威斯康星的白鱼湾，过去几年中，总能看到至少一千只黄腰林莺。1958年喷药后，人们只发现了两只。如果再加上其他地区的死亡案例，数目是惊人的。被杀死的鸣鸟包括那些最漂亮、最受人喜爱的种类：黑白森莺、黄林莺、纹胸林莺和栗胁林莺、放歌5月的橙顶灶莺、双翅如火的橙胸林莺，加拿大威森莺以及黑喉绿林莺等，它们要么是吃了有毒的昆虫而直接受害，要么是受到食物短缺的间接影响。

食物短缺同样也打击了在空中飞翔的燕子，它们努力在空中觅食就如同饥饿的青鱼寻找浮游生物一样。威斯康星州的一位自然学家报告说："燕子受到重创。人们都在

◎ 阅读理解

[1]地鼠和鼹鼠吃了带毒的蚯蚓，角鸮和仓鸮又吃了带毒的地鼠和鼹鼠，毒素随着食物链一层层增加，如不加以控制，作为处在食物链顶端的人类，怎么会不受其影响呢？

◎ 阅读理解

[2]"不仅仅……也……"表明了给榆树喷药造成的影响之大，连在树叶上找昆虫吃的鸟儿也消失了。不仅如此，受到影响的还有下文提及的燕子和其他鸟类。

抱怨，燕子比四五年前少了很多。四年前，我们头顶上方全是飞翔的燕子，如今很难见到了……这可能是喷药导致昆虫减少引起的，也可能是燕子吃了有毒的昆虫而死亡。"

关于其他鸟类，这位观察者写道："另一个损失惨重的是长尾霸鹟。鹟（wēng）几乎已经灭绝了，曾经很常见的长尾霸鹟也见不到了。今年春天我只见到了一只，去年春天也是。威斯康星州的其他猎人也在抱怨。过去我喂过五六对红雀，现在都不见了。鸫鹟、旅鸫、嘲鸫和角鸮每年都会来我的花园筑巢，现在都消失了。夏天的清晨再也听不到鸟儿的歌声。只剩下害鸟、鸽子、紫翅椋鸟和家麻雀了。这场灾难让我无法承受。"[1]

秋天，在榆树休眠期喷药后，毒素进入了树皮的每一个缝隙，这可能是黑冠山雀、鸫、凤头山雀、啄木鸟以及褐旋木雀这些鸟类急剧减少的原因。1957—1958年冬天，华莱士教授多年来第一次发现他家的喂鸟处没有山雀和鸫的身影。之后，他发现三只鸫，恰好将药剂对鸟类的损害过程叙述完整了：其中一只正在榆树上啄食，另一只垂死的表现出典型的DDT中毒症状，第三只已经死去了。后来，在第二只鸫的体内组织里发现了百万分之二百二十六的DDT残留。

鸟类的饮食习惯很容易使它们成为杀虫剂的受害者，也使得死亡数量特别巨大。例如，白胸鸫和褐旋木雀夏天的主要食物是对树木有害的各种昆虫卵、幼虫和成虫等。山雀食物的四分之三是动物，包括处于各个生长阶段的昆虫。在本特不朽的名著《生命历史》中有对山雀觅食方式的描述："鸟群飞过的时候，每只鸟都在树皮、细枝和树干上仔细搜寻着琐碎的食物（蜘蛛卵、茧或其他休眠昆虫）。"[2]

◎ 阅读理解

[1]前文已讲述了许多鸟类因药剂的影响而消失，本段又讲述了许多鸟类的消失，可见喷洒药剂这样的一个动作，波及的不仅仅是旅鸫，而是整个生态系统的鸟类。真是"一叶落而知天下秋"啊，更严重的是当初人类不恰当的行为造成的鸟类消失的恶劣影响是人类难以控制的。我们在改造大自然时一定要慎重啊！

◎ 阅读理解

[2]很多鸟类与植物是互利共生的，故伤此害彼。给植物喷药，消除了对植物不利的元素，但实际上也伤害了对植物有利的各种鸟类的生长。这种做法其实是因小失大。

各种科学研究已经证明了在不同情况下鸟类控制昆虫的关键作用。啄木鸟在控制恩格曼云杉甲虫方面作用突出，它们可以使甲虫的数量减少百分之四十五到百分之九十八，并对苹果园里蚜虫的抑制效果也很好，另外，山雀和其他冬季鸟类可以保护果园免受尺蠖（huò）的侵扰。

但是，自然界中发生的事情却不能在现代的化学世界中重演。喷洒的药剂不仅杀死了昆虫，还杀死了它们的主要敌人——鸟类。等昆虫卷土重来的时候，再也没有鸟儿去控制它们了。[1]密尔沃基公共博物馆鸟类馆长欧文·格罗梅给《密尔沃基日报》投稿写道："昆虫最大的天敌就是捕食性昆虫、鸟类以及一些小型哺乳动物，DDT的残暴肆虐也杀害了自然界中的保卫和警察……在进步的名义下，我们是否应该为了一时之快，而为残忍的灭虫大战承担后果？直到最后才发现自己机关算尽而一败涂地。在榆树消失、自然卫士（鸟类）中毒而死之后，新生的害虫如果再来攻击其他种类的树木的话，我们又如何应对呢？"

格罗梅先生说，自从威斯康星州开始喷药之后，有关鸟类伤亡的电话和信件就不断增加。这些质问表明，在喷过药的地方，鸟儿开始不断死亡。

中西部大部分研究中心的鸟类学家和生态保护人士的观点与格罗梅先生保持一致，这些机构包括密歇根州的克兰布鲁克科学研究院、伊利诺伊自然历史调查所和威斯康星大学等。在任何一个进行药物喷洒的地区，当地报纸的《读者来信》栏目都表明人们已经觉醒并感到愤怒，而且他们比那些下令喷药的官员对其危害和引发失调的理解更为深刻。密尔沃基的一名女士写道："这是一件可怜又让人心碎的事情……这场屠杀根本达不到预定的目的，一想到这儿，既令人沮丧，又让人感到愤怒……[2]从长远看，

◎ **阅读理解**

[1]喷洒药剂破坏了自然界的平衡，人类看似聪明的行为却给自己带来了更大的麻烦。

◎ **阅读理解**

[2]对于植物的疾病，官员不需大力干涉，生态系统自身便会对其进行修复，不会产生大的副作用。而官员有时在不了解实际情况、不具备科学知识的情况下便大力干涉自然运行，结果适得其反，对生物的损害越加严重。相比于官员和喷药者，普通大众的环保意识反倒更强。

如果不管鸟儿，能救得了树吗？在自然环境中，它们难道不是互相依存的吗？能不能保护自然平衡，不去破坏它呢？"

其他人的信中也提到，虽然榆树是雄伟的遮阴大树，但它们并不是"神圣的牛"，没有必要为了榆树给其他生物来一次"开放式的"大屠杀。威斯康星的另一名妇女写道："我一直都很喜欢榆树，它们就如同是我们的地理标志。但是，树的种类成千上万……我们还必须保护鸟类。谁能想象如果春天没有旅鸫的歌唱，这个世界该多么乏味、多么枯燥啊！"[1]

对于公众而言，很容易形成一个非此即彼的简单选择：要鸟还是要树？但是，事情不会如此简单。正如化学防治体现出来的讽刺一样，如果我们沿着以前的老路走下去，或许最后我们将两者尽失。喷药行动杀死了鸟儿，却没能保护榆树。只要喷药就能挽救榆树的幻想把一个又一个城镇拖入了巨额花费的沼泽，产生的效果却如昙花一现。[2]康涅狄格州格林尼治市喷药计划持续了十年。但是，干旱的一年给甲虫创造了非常适宜的环境，榆树的死亡率飙升了十倍。伊利诺伊州厄巴纳市，即伊利诺伊大学的所在地，在1951年，首次发现了荷兰榆树病；在1953年开始了喷药防治；到了1959年，尽管喷药持续了六年的时间，但大学校园内还是损失了百分之八十六的榆树，其中一半是由荷兰榆树病造成的。

在俄亥俄州托莱多市，一个相似的经历促使林业主管约瑟夫·斯维尼用更加现实的眼光看待喷药的后果。喷药计划开始于1953年，到了1959年仍在持续。此时，斯维尼先生发现，执行完"书本和权威机构"建议的喷药计划后，棉枫蚜的情况反而更加严重了。于是他决定自己研究榆树喷药的后果，结果令他大吃一惊。他发现，在托莱

◎ 阅读理解

[1]她道出了我们无数人的心声，强烈呼吁人类要与大自然和谐相处。人类不能以改造大自然的名义来破坏大自然，否则带给人类的将是眼前的荒原和精神的荒原。

◎ 阅读理解

[2]采用化学防治耗费大量人力、物力、财力，但取得的效果往往微乎其微，不但无法取得良好的效果，还会产生大量的恶劣影响。人们在没有学习并掌握自然规律时所进行的行动荒唐、愚昧而不自知。我们应该在无数次实践中总结经验，不断反省、改进。

多市"唯一得到控制的地区是把染病或有虫害的树移除的地方,喷药的区域反而失去了控制。在没有采取任何措施的农村,疾病传播的速度却不如喷药的城里那么快。这说明药剂杀死了害虫的所有天敌。我们必须放弃药物防治计划。虽然这样的看法使我与那些支持美国农业部建议的人产生冲突,但是我掌握了真理,因此会坚持下去的"。[1]

在中西部城镇,榆树病是最近才开始传播的,为什么要坚持采纳昂贵的喷药计划,而不去借鉴其他地方多年的治理经验,实在让人费解。纽约州在防治榆树病方面历史悠久、经验丰富,因为在1930年,染病的榆木正是通过纽约港进入美国的。如今,纽约在防治榆树病方面成绩显著。但是,它不是依赖药物。实际上,纽约农业推广局没有建议人们使用喷药的方法。[2]

那么,纽约是如何取得这一成就的呢?从对付榆树病的第一天起到现在,纽约就一直实行严格的措施,即立刻移除并处理掉所有生病或感染的树木。起初,结果令人失望,这是因为刚开始人们并不知道不仅是生病的榆树,而且连可能有甲虫繁殖的树木都要一起销毁。感染的榆树被砍倒后,储存起来作为柴火烧掉,但是如果不在春天之前烧完,就会产生许多带细菌的甲虫。每年4、5月份,成虫便从冬眠中醒来,出来觅食,使榆树病得到传播。纽约的昆虫学家根据经验,找出了哪些树木有甲虫繁殖并易于传播这种疾病,通过集中处理这些树木,不仅产生了良好的防治效果,还使防治的成本降到了合理区间。到1950年,纽约市五万五千棵榆树的感染率降到了百分之一。

在1942年,韦斯特切斯特县开展了一项防治计划。之后的十四年中,每年榆树的损失率仅为百分之一。拥有十八万五千棵榆树的水牛城,通过防卫计划实现了很好的控制效果，年均损失率也只有百分之一。换言之，按照这种速度，需要三百年的时间才能毁灭水牛城的所有榆树。

雪城的情况尤其令人瞩目。在1957年之前，这里并没有采取任何有效措施。从1951年到1956年，雪城一共损失了三千棵榆树。后来，在纽约州立大学林业学院霍华德·米勒的指挥下，大力清除了所有患病的和可能携带甲虫病源的榆树。如今，这里的榆树损失率已经降到了百分之一以下。[1]

纽约的专家强调了防卫计划节约成本的优点。纽约农学院的马蒂斯说："在大部分情况下，实际成本比预想的要小。如果树枝已经死亡或者折断了，为了防止造成财产损失或者人员受伤，必须移除这段树枝。如果烧火用的柴堆中含有病原菌，可以在春天之前把它们烧掉，或者将树皮去掉，或者把榆木存放在干燥的地方。如果对于将死或者已死的榆树，为了防止榆树病的传播，把它立刻清除，成本并不比之后的处理成本高，因为城区的大部分死树终归要清除掉。"

可见，只要采取明智可靠的措施，我们对榆树病也并非完全无计可施。众所周知，榆树病现在仍然无法根除，但是如果某一地区暴发疾病，完全可以通过预防措施把它控制在理想范围之内，这种方法不仅有效而且对鸟类不会造成伤害。森林遗传学为此提供了其他可能性，有望通过实验研发出一种对这种病具有免疫力的杂交榆树。欧洲榆树就具有这种免疫性，而且在华盛顿地区已经种植了很多。即使在本地榆树发病率极高的时候，欧洲榆树仍然安然无恙。[2]

那些失去了大量榆树的地方急需通过加速育苗和造林计划来补充。这一点很重要，虽然这些计划包括抗病的欧洲榆树，但也要考虑种植多种树木，这样的话，就可以避

◎ 阅读理解

[1]列举三个地方成功治愈榆树的例子，有力地证明了人力防治、人力控制比化学防治的效果要好得多，与化学防治产生的负面效应形成强烈对比。恰当的措施极大地降低了榆树的损失率，消除了病原，也没有危及昆虫和鸟类的生存。这是值得我们学习的做法。

◎ 阅读理解

[2]没有一种树种永远没有疾病，存在疾病是正常的情况，只要做好预防就能保证其生长。就怕人类因为榆树的病情而横加干涉，结果导致昆虫、鸟类等也随着遭殃。欧洲榆树和本地榆树的结合，提高了本地榆树的免疫力，是可取的做法。

免将来的传染病会毁掉一个地区所有的树。英国生态学家查尔斯·埃尔顿道出了健康动植物群落的关键——"保持生物多样性"。现在的状况大都是生物单一化的结果。但是在二三十年前没人知道，在一大片地方种植单一的植物会招致灾难，所以人们才会让榆树来守护大街、点缀公园。如今，榆树都死了，鸟儿也没了……[1]

与旅鸽类似，美国的另一种鸟儿也濒临灭绝，它就是美国的象征——鹰。在过去的十年里，鹰的数量减少速度之快令人忧心忡忡。事实表明，鹰的生存环境一定发生了变化，并完全破坏了它们的繁殖能力。到底是什么原因？目前尚不得知，但是有证据表明杀虫剂难辞其咎。[2]

沿着佛罗里达西海岸，从坦帕到迈尔斯堡筑巢的鹰是这种鸟类中被研究最频繁的。一位温尼伯的退休银行家查尔斯·布罗利因在1939—1949年给一千多只白腹海雕幼鸟做过标记而在鸟类学界声名鹊起（在此之前，历史上只有一百六十六只鹰绑了脚环）。在幼鸟离巢之前的冬季，布罗利为它们绑上脚环。后来的统计显示，这些佛罗里达鹰会沿着海岸飞至加拿大境内，最远可飞至爱德华王子岛。在这之前，人们一直认为这些鹰是留鸟。秋天的时候，它们又飞回南方。人们可以在宾夕法尼亚东部的鹰山——像这样的一些有利位置观察到它们的迁徙。

在做标记的前几年，布罗利先生在他工作的海岸段每年都能发现一百二十五个有幼鸟的巢，每年绑脚环的幼鸟大约有一百五十只。1947年，新生的幼鸟开始减少。一些巢里根本没有鸟蛋；另外一些虽然有鸟蛋，但是都不能孵化。从1952年到1957年，大约有百分之八十的巢没有幼鸟出生。在最后一年里，只有四十三个巢里有鸟儿栖息，只有七个巢里有幼鸟出生（共八只）；二十三个鸟巢里有蛋，却没有

◎ 写作分析

[1]用一系列具体翔实的数字告诉读者杀虫剂的危害：杀虫剂严重损害了鹰的繁殖能力。

孵化；有十三个巢穴被鹰当成了餐室，根本就没有蛋。1958年，布罗利先生跋涉了一百六十千米，最终才找到了一只小鹰做标记。1957年还有四十三个鸟巢里住着成鹰，到现在只剩下十个鸟巢有成鹰了。[1]

这一系列的持续观察弥足珍贵，却在1959年随着布罗利先生的去世，观察宣告结束，但是奥特朋协会、新泽西再加上宾夕法尼亚的报告证实了我们的确应该重新寻找一个新的国家象征了。鹰山保护区负责人莫里斯·布朗的报告尤其值得关注。鹰山是宾夕法尼亚东南部一座风景如画的山峰，那里的阿巴拉契亚山脉最东端的山脊形成了阻挡西风吹向沿海平原的最后一道屏障。西风遇到山脉的阻挡向上吹去，形成了稳定的气流，在秋季长着宽大翅膀的鹰可以乘着气流，在一天之内就能轻松飞过很长的路程。山脊在鹰山汇聚，候鸟的飞行路线也在此交会。鸟儿从北方广阔的领域一路飞来，一定会路过这个咽喉要道。[2]

◎ 写作分析

[2]作者介绍这些内容有什么作用呢？结合下文就知道，这是在说明问题的普遍性，从而更有力地证明作者的观点。

莫里斯·布朗在自然保护区当了二十多年管理员，他观察记录过的鹰比任何美国人都要多。白头海雕迁徙的高峰在8月底和9月初。这些应该是出生在佛罗里达的鹰，它们在北方待了一个夏季后飞回家乡（在秋天和冬季初期，一些体型更大的鹰会路过这里。它们可能是北方的一种鹰，飞往一个未知的地方过冬）。保护区建立初期，从1935年到1939年，观察到的百分之四十的鹰是一岁大的，从它们深色的羽毛就很容易看出来。但是近年来，这些幼鹰已经很少了。从1955年到1959年，它们只占到总数的百分之二十；而在1957年，每三十二只成鹰中只有一只幼鹰。

鹰山观测到的结果与其他地方的发现一致。其中一份相似的报告出自伊利诺伊自然资源委员会的一名官员埃尔顿·福克斯。北方的鹰可能就在密西西比河和伊利诺伊河沿岸过冬。福克斯先生在1958年对它们的报告中说，近来发现的五十九只鹰中只有一只是幼鹰。世界上唯一的鹰自然保护区——萨斯奎汉纳河上的蒙特约翰逊岛也出现了类似的现象。这个小岛在康诺文格大坝上游十二千米，距离兰开斯特郡河岸只有八百米，但仍保持着原始风貌。从1934年起，兰开斯特郡的一位鸟类学家兼保护区负责人赫伯特·贝克先生开始对这里的一个鸟巢进行观察。从1935年到1947年，每年这个鸟巢都有鹰居住，并成功地孵出了幼鹰。从1947年起，尽管有老鹰居住，也下了蛋，但是并没有孵出小鹰。[1]

蒙特约翰逊岛和佛罗里达州的情况一样：有些老鹰蹲在巢里，其中一些下了蛋，但是很少或者没有小鹰孵出来。对于这种情况，似乎只有一种解释：某种环境因素导致鹰的繁殖能力下降，现在几乎没有幼鹰出生来使这个物种得以延续了。

实验人员证实了这种情况正是人为原因造成的。其中比较著名的人物是美国鱼类与野生动物管理局的詹姆斯·德威特博士。德威特博士针对鹌鹑和环颈雉做了很多经典实验，以研究各种杀虫剂对它们的影响。结果证明，接触DDT或相关化学药剂之后，虽然不会对成鸟造成明显的伤害，但可能会严重影响它们的繁殖能力。表现形式可能不尽相同，但是结果是一样的。例如，鹌鹑在繁殖季节如果吃的食物中含有DDT，它仍能存活下来，甚至下的蛋也正常，而且数量也不少。但是孵出来的小鸟却很少。"许多胚胎在发育早期都很正常，但到了破壳的时候会死去。"德威特博士说道。即使孵出了幼鸟，其中多半会在五天内死去。[2]在其他对这两者的实验中，如果成鸟在一整年内吃的食物都含有杀虫剂的话，它们无论如何也下不了蛋。加利福尼亚大学的罗伯特·拉德博士与查理德·吉纳利博士得出了相似的结果，如果环颈雉的食物中含有狄氏剂，"产蛋量会明显减少，幼鸟成活率也很低"。据这些科学家讲，狄氏剂储存在蛋黄中，在孵化和发育的时候被幼鸟逐渐吸收，对幼鸟造成致命伤害。

最近，华莱士教授和一名研究生理查德·伯纳德的实验强有力地证实了这种观点。他们研究发现，密歇根大学校园的旅鸫体内含有大量的DDT。在雄鸟的睾丸中、在雌鸟发育的卵泡中、在雌鸟的卵巢里、在鸟儿体内成形的蛋里、在输卵管中、在弃巢未孵化的蛋中、在鸟蛋的胚胎里和在刚孵出来就死去的幼鸟体内，都发现了DDT。[1]

这些重要的研究证实，鸟类一旦接触到杀虫剂，就会对其后代产生影响。毒素贮存在鸟蛋中，在滋养胚胎的蛋黄中，就像一个死刑执行令一样，这就解释了为什么德威特博士实验中的幼鸟会死在蛋壳里，或仅在破壳几天后就死去。

在实验室中研究鹰不切实际，但是野外研究已在佛罗里达、新泽西以及其他地方开展，希望找到成鹰不育的可靠证据。与此同时，一些间接证据把不育的矛头指向了杀虫剂。在一些盛产鱼类的地方，鱼是白头海雕的主要食物（在阿拉斯加大约占百分之二十五，而在切萨皮克湾约占百分之五十二）。毫无疑问，布罗利先生研究的白头海雕主要以鱼为食。从1945年起，海岸地区就遭到了DDT反复喷洒。空中喷药的主要目标是消灭盐沼蚊。这种蚊子主要生活在沼泽和海岸地区，这里正是鹰觅食的区域。大量的鱼类和螃蟹被杀死。实验分析显示，它们体内DDT浓度很高，大约是百万分之四十六。鹰的状况与清湖的水鸟一样，它们因为吃了清湖中的鱼，体内积蓄了大量的DDT。雉、鹌鹑以及旅鸫的问题与清湖的水鸟一样，它们的繁殖能力逐渐下降，其种群难以为继。[2]

◎ 阅读理解

[1]DDT的渗透力很强，从源头便严重损害了鸟的生殖系统，后续的胚胎、发育、成形自然无法成功。可见DDT毒性之深，令人惊心。

◎ 阅读理解

[2]不断、反复地揭示DDT的罪恶，表现了作者对鸟类存亡的担忧和对人类滥用DDT的强烈不满。

当今，世界各地都发出了鸟类面临危险的共鸣。各地报告的细节虽然不同，但主题却只有一个，那就是杀虫剂的使用造成了野生动物的死亡。在法国，葡萄园喷了含砷的除草剂后，成百上千的小鸟和山鹑死了。这种鸟在比利时曾种类繁多，但喷过药后，几乎灭绝了。[1]

英国的问题十分特殊，它与播种前用杀虫剂处理种子的做法有关。种子处理的做法并不新鲜，但是早期使用的化学药品主要是杀菌剂，对鸟类没有造成明显的影响。到了1956年，处理方法升级为双重功效，除了杀菌剂外，人们还会加上狄氏剂、艾氏剂或七氯来对付土壤中的昆虫。这样，情况就变得更糟了。[2]

1960年春天，关于鸟类死亡的各种报告像洪水一样涌进了英国野生动物管理机构，包括英国鸟类托管协会、皇家鸟类保护协会以及猎鸟协会。诺福克的一位农场主写道："这地方就像一个战场，我的管家发现了大量的小鸟尸体：苍头燕雀、金翅雀、朱顶雀、林岩鹨、家麻雀……野生动物毁灭让人悲痛。"一位猎场看护员写道："我的山鹑全被包衣剂玉米毒死了，还有一些环颈雉和其他鸟儿，好几百只鸟都死了……对我这样的看护员来说是一件痛苦的事情。看到一对对山鹑死去，心里难受极了。"

英国鸟类托管协会与皇家鸟类保护协会联合发布了一份报告，描述了六十七只死亡的鸟儿，实际上，1960年春天死亡的鸟儿远不止这个数字。其中，五十九只被包衣剂种子毒死，八只死于药物喷剂。第二年新一轮中毒事件来袭。下议院接到报告，仅诺福克的一家庄园里就有六百只鸟儿死亡，北埃塞克斯的一个农场里有一百只环颈雉死亡。不久，受影响的郡县就明显超过了1960年（1960年有二十三个郡，1961年有三十四个郡）。以农业为主的林肯

◎ 写作分析
[1]再次揭示杀虫剂危害的严重性，引起读者重视，表达了作者对鸟群消失的痛惜。

◎ 阅读理解
[2]问题越严重，处理方法越复杂，化学药品毒性越大，对昆虫的消除力度就越猛烈，情况就越糟糕。技术的更新往往和更严重的问题相伴而生，这不是解决问题的根本方法。

郡损失最惨重，大约有一万只鸟儿死亡。从北部的安格斯到南部的康沃尔，从西部的安哥拉斯到东部的诺福克，死亡阴影笼罩了英格兰的所有农场。

到了1961年，对于这个问题的担忧达到了峰值。下议院成立了一个特别委员会对事件进行了调查，从农民、农场主、农业部代表以及各个关心野生动物的政府和民间组织进行了取证。一位目击者称："鸽子会从空中突然掉下来摔死。"另一个人说："你在伦敦城外开车走二百四十千米左右也见不到一只红隼（sǔn）。"[1]自然保护局的官员做证说："本世纪或者我所知道的任何时期而言，对野生动物或狩猎来说现在是最危急的时刻。"

对受害者进行化学分析的设备明显不足，而且整个国家只有两名化学家能够检测（一名在政府任职，另一名在皇家鸟类保护协会工作）。目击者称焚烧鸟儿尸体时，燃起了熊熊大火。但是，通过努力，人们还是收集了尸体并拿来检测，结果发现，所有的鸟儿体内都含有杀虫剂，只有一只例外。这只例外的鸟是沙锥鸟，因为它们不吃种子。[2]

除了鸟儿外，狐狸也可能吃了中毒的老鼠或鸟儿而间接受到影响。英国的兔子泛滥成灾，所以急需狐狸来捕食。但是从1959年11月到1960年4月，至少有一千三百只狐狸死亡。在雀鹰、红隼以及其他猛禽几乎消失的地方，狐狸的死亡最严重，说明毒素是沿着食草动物到肉食动物这样的食物链传播的。即将死亡的狐狸与其他氯化烃中毒的动物一样，不停转圈，头晕目眩，最后抽搐而死。

听证会使委员会确信，对野生动物的威胁已经"极其严重"。委员会向下议院提出建议，"农业部部长和苏格兰国务卿应立即下令禁止使用狄氏剂、艾氏剂、七氯或毒性相当的化学药剂处理种子"。委员会还建议，应适当加

◎ 阅读理解

[1]警惕人类注意自己的行为，不要害了动物又害了自己。问题越来越严重，人类不应该再闭着眼睛做梦，要及时醒悟，改正错误。

◎ 阅读理解

[2]鸟儿受害的程度很深，而相关的拯救鸟儿的化学家又很少，这样就很难扭转恶劣的局面。鸟儿尸体燃烧的场面悲惨又令人伤感，它们本在自然中无毒无害，按照自己的习性性生活，只因人类的妄为，使其命丧黄泉，令人悲愤、同情！

强控制，以保证化学药品在进入市场前接受严格的实地和实验室检测。值得强调的是，这是所有地区杀虫剂研究的一大空白。生产商做的实验都是常规的动物（老鼠、狗、豚鼠等），不包括野生动物、鸟类和鱼类，而且都是在人为控制下进行的。所以，他们的研究结果并不适用于野生动物。[1]

英国绝不是唯一面临这个问题的国家。在美国，加利福尼亚和南部的水稻种植地区一直受到此类问题的严重困扰。多年来，加利福尼亚州水稻一直用DDT处理种子，以防止鲎（hòu）虫和清道夫甲虫的危害。由于稻田里水鸟和野鸡众多，加利福尼亚州的猎手以前总是收获颇丰。但在过去十年里，产稻地区一直传出鸟类死亡的消息，尤其是野鸡、鸭子和椋鸟。"环颈雉病"变成一种熟悉的现象：鸟儿到处找水喝，浑身麻痹，倒在水沟旁和稻田里不停颤抖。这种病会在春天发作，恰恰是稻田播种的时间，这时DDT的浓度是成年环颈雉致死量的很多倍。

随着时间的推移，人们又研制出了毒性更强的杀虫剂，包衣种子造成的危害不断增加。如今，艾氏剂广泛应用于种子包衣，对环颈雉来说，它的毒性是DDT的一百倍。在得克萨斯东部的稻田里，这种做法已经严重影响了栗树鸭的数量。这种鸭子呈黄褐色，长得像雁，生活在墨西哥湾沿岸。确实有理由相信，水稻种植户使用双重功效的杀虫剂，造成了黑鹂的数量下降，也给稻田里其他几种鸟类带来了危害。[2]

随着杀戮习惯的养成——铲除给我们带来烦恼或不便的生物——鸟类越来越多地成为毒药的直接目标，而不是出于意外。从空中喷洒对硫磷这样的毒药来"控制"农民讨厌的鸟类的做法越来越普遍。鱼类与野生动物管理局发

◎ **阅读理解**

[1]这里生产商做的实验有两个主要的弊病：一是化学药品影响的是野生动物，在老鼠、狗、豚鼠身上做实验没有什么可比性和借鉴意义；二是生产商因为利益的驱动，在人为控制下，往往会使杀虫剂向合格的方向操纵，尽管它并不合格。所以这样的实验多半没有什么实际效用。在利益和自然面前，两者往往是互相矛盾、难以调和的，所以人类为了个人利益往往会做出伤害自然的举动。

◎ **阅读理解**

[2]DDT已经让众鸟闻风丧胆、闻毒丧命了，别说毒性大一百倍的艾氏剂了。这样做不是要把鸟类赶尽杀绝吗？可见有时一些人的心更为狠毒。"手把青秧插满田，低头便见水中天"，但人们却总不懂"退步原来是向前"。

现对这种趋势表示严重关切十分必要，他们指出："对硫磷喷洒的区域对人类、家畜和野生动物都具有潜在的危害。"例如，在印第安纳州南部，一群农民在1959年夏天雇了一架飞机，对河边一片低地喷洒对硫磷。而这片滩地一直是黑鹂喜爱的栖息地。本来换一种苞长穗深的玉米就可以轻松解决，但是农民们还是深信使用毒药的好处，于是他们雇用了飞机来为它们送葬。[1]

结果可能令农民们非常满意，因为死亡单上约有六万五千只红翅黑鹂和紫翅椋鸟。其他未被发现、没有记录的野生动物死亡数量不得而知。对硫磷不仅对紫翅椋鸟有效，它还是一种广谱毒药，因此，那些在滩地闲逛的兔子、浣熊或负鼠，它们可能从未造访过玉米地，也被冷漠的人们判了死刑。

人类的情况又是怎样的呢？在加利福尼亚一个月前喷洒过对硫磷的果园里，工人们接触了喷过药的叶子后，会病倒甚至休克，经过了医术精湛的医生的高效救治才死里逃生。印第安纳州的小男孩是否还喜欢去丛林和田野里游玩，或者到河边去探险？如果是这样的话，谁来阻止那些探寻原始自然的人进入呢？谁能一直保持警惕，告诉那些无辜的游人，这里所有的植物都包裹了一层致命毒药，因而十分危险呢？[2]尽管面临如此巨大的危险，却没有人阻止农民们对黑鹂发动不必要的战争。

在每一次事件中，人们都回避了一个问题：是谁做的决定引起了一连串的中毒事件，就像把一枚卵石砸进安静的池塘一样，让这轮死亡之波不断扩散呢？是谁在天平的一端放满了甲虫的食物——树叶，而在另一端却堆满了斑斓的羽毛——来自中毒而死的鸟儿的尸体？又是谁未与公众协商就得出结论，没有昆虫的世界才是最好的，即使世界因失去鸟儿飞翔的英姿而变得黯然失色也在所不惜？这是一个独裁者的决定，他罔顾民意。岂知对千百万民众而言，美丽有序的自然具有深刻而重要的意义。[1]

◎ 写作分析

[1]一连串的质问引起读者思考，我们必须保护这个美丽有序的大自然，让美丽有序的大自然与人类常相伴。

## 美文赏析

　　这一章引用大量的资料说明了鸟类遇到的危机，其中有普通人耳闻目睹的内容，使说明的内容更充实具体，甚至更形象，而一些专家的报告使论据确凿充分，增强了说服力。文章举例的时候，特别注意选取典型的事物来写，如人们非常熟悉的旅鸫的厄运、美国的象征——鹰的濒临灭绝，都能引起人们的关注。

## 回顾训练

1. 填成语。

（1）旅鸫的造访往往能登上报纸的版面，也会成为人们早餐时间＿＿＿＿＿＿＿＿＿＿＿＿的话题。

（2）失去榆树已经足以令人心痛，如果拯救行动也＿＿＿＿＿＿＿＿，而把大部分鸟类扔进覆灭的黑夜之中的话，后果会更加悲惨。

（3）这里面包括三种鸫，它们的优美歌喉在鸟类中＿＿＿＿＿＿＿＿，这几种鸟分别是斯氏夜鸫、棕林鸫和隐夜鸫。

2. 指出下面句子的修辞手法。

（1）它们浓密的枝叶形成了雄伟的绿色拱廊。　　　　（　　　　）

（2）在整个过程中，勤劳的蚯蚓帮了大忙，它们以残叶为食，而榆树叶是它们最喜爱的食物之一。　　　　（　　　　）

3. 文章写鸟儿声音的消失，并没有停止在鸟儿这一生物上，而是抓住了事物间的联系来写，试举一个例子说明这样写的好处。

# 第九章
DIJIUZHANG

# 死亡之河

清澈的河水是动物们的镜子，更是鱼儿生活的天堂。可是，大量喷洒的杀虫剂却在污染着河流，米拉米奇西北部流域，缅因州的大戈达德河、小戈达德河、卡里河、阿尔德河以及布雷克河、黄石河等都出现了大量鱼类的死亡，生命之河变成了死亡之河。水体中的化学药品在严重威胁着河流，只有认识到这些危害，停止使用这些毒剂，才能使河流免受其害。

在大西洋绿色海水深处，有许多伸向岸边的幽暗路径，鱼群会沿着这些路径巡游；虽然这些小路看不见、摸不着，但是它们确实与入海的河水相连。几千年来，鲑鱼就沿着这样的淡水路径洄游，它们都要回到刚出生的头几个月或几年待过的支流。1953年夏秋两季，新不伦瑞克海岸米拉米奇河的鲑鱼从觅食的大西洋回到它们的出生地。河流的上游绿树掩映、溪流汇集，清爽的小溪轻轻流淌。秋天，鲑鱼就把卵产在河床的碎石上。在这个地区，云杉、香脂树、铁杉和松树构成了巨大的针叶林区，为鲑鱼产卵提供了适宜的环境。

这种洄游模式由来已久，年年如此，使得米拉米奇河成为北美地区最负盛名的鲑鱼产地。但就在那一年，这种模式遭到了破坏。

秋冬季节，个大壳厚的鲑鱼卵静静躺在河底母鱼挖好的浅槽中。在寒冷的冬天，鱼卵发育得很慢，等到了春天，林中溪水融化之后，幼鱼才孵化出来。起初，它们只有一点三厘米长，藏在河底的砾石中间，不吃也不喝，靠

94

一个大卵黄囊生存。直到卵黄囊被全部吸收，它们才开始在溪流中觅食。

1954年春天，米拉米奇河里有无数条刚刚孵化的幼鱼，还有身上长着炫目条纹和红色斑点的鲑鱼，这些是一两年前孵化的，这些小鱼在小溪里贪婪地搜寻着各种稀奇古怪的昆虫。

随着夏天的来临，一切都在改变。那年，在米拉米奇西北部流域进行了一次大规模的喷药行动。前一年，加拿大政府为了治理云杉卷叶虫而开展了这项计划。这种卷叶虫是侵害多种常青树木的一种本地昆虫。在加拿大东部，这种虫害每三十五年就会爆发一次。20世纪50年代初期就出现了一次卷叶虫大爆发。为了对付它们，人们开始使用DDT。刚开始只是小规模地使用，到了1953年，开始大范围使用。在这之前，只是喷洒数十平方千米的森林，如今已经变成了几万平方千米，其目的是拯救纸浆和造纸的主要原料——香脂树。

于是，在1954年6月，飞机造访了米拉米奇河西北流域的森林，纵横交错的白色烟雾在空中划出了一道道飞行轨迹，每四千平方米喷洒零点二千克DDT，药剂穿过香脂树，落在地上，也落在林间的河流里。飞行员一心想着完成任务，他们不曾躲避河流或在飞过溪水时关掉喷嘴。不过，只要有一丝风吹草动，雾剂就会飘散很远，因此即使他们那样做了，也于事无补。

喷洒药剂之后不久，就出现了不祥的征兆。仅仅在两天之内，河流沿岸的鱼儿就死伤无数，其中包括很多年幼的鲑鱼。鳟鱼也无法幸免，道路边、森林里的鸟儿也在不断死去。河流中的一切生物都沉寂了下来。在喷药之前，河里的生物多种多样，构成了鲑鱼和鳟鱼的丰盛食物，包括石蛾幼虫，它们用黏液把树叶、草梗或碎石黏在一起形成松散的掩体；在湍急的河流中紧紧贴住岩石的石蝇幼虫；还有像蠕虫一样的黑蝇幼虫，它们在浅滩的石头上或者在溪流溢出的斜岩上缓慢移动。但是，现在溪流中的昆虫全被DDT杀死了，那些小鲑鱼也无处觅食了。

在这样一个大肆破坏、无情杀戮的情形下，果然不出所料，小鲑鱼也没能幸免于难。到了8月，春天里孵化的小鲑鱼全都消失了。一年的繁殖化为乌有。一岁或者更大一点的鲑鱼，情况稍好一点。飞机经过时，1953年生的正在河里觅食的每六条小鲑鱼中，只有一条幸存下来。1952年孵化的鲑鱼，几乎已准备好前往大海，也死了三分之一。

这些事实之所以为人所知，是因为自1950年起，加拿大渔业研究会就开始对米拉米奇河西北流域的鲑鱼进行研究。他们每年会对河里的鲑鱼进行一次调查。生物学家所做的记录包括洄游繁殖的成年鲑鱼的数量、每个年龄段小鲑鱼的数量以及河流中生存的鲑鱼和其他鱼类的正常数量。有了这些在药物处理之前的完整记录，就可以精确计算喷药造成的损失了。

调查不仅发现了小鱼的损失，还揭示了河流本身发生了巨大的变化。反复喷药已经完全改变了河流环境，作为鲑鱼和鳟鱼食物的水生昆虫几乎全部死亡。即使一次喷药，昆虫也需要很长时间才能恢复到支撑鲑鱼生存的数量——需要好几年，而不是几个月。

较小的昆虫，如摇蚊和黑蝇，恢复很快，它们是几个月大鲑鱼苗的食物。但是，较大的水生昆虫恢复就比较慢了，而第二年和第三年的鲑鱼要以这些昆虫为食，它们主要是石蛾、石蝇和蜉蝣的幼虫。即使在喷药的第二年，除了偶然发现小石蝇外，幼鲑很难发现其他食物。为了增加天然食材的供给，加拿大人尝试在米拉米奇河贫瘠的水域培育石蛾幼虫和其他昆虫。但是，只要再次喷药，这些精心培育的昆虫一定会再次遭到清除。

出乎意料的是，卷叶虫不仅没有减少，反而变本加厉了。从1955年到1957年，新不伦瑞克省与魁北克省的各个区域反复喷药，有些地方甚至喷了三次，到了1957年，已经有六万平方千米的土地被喷过药物了。喷药暂停了一段时间，但是由于卷叶虫的爆发，在1960年和1961年又各喷了一次。实际上，没有任何迹象表明喷药计划只是权宜之计（通过几年的连续喷药，避免树木脱叶死亡），所以随着喷洒的进行，副作用也在延续。为了降低鱼类的损失，在渔业研究会的建议下，加拿大林业局把DDT浓度从每四千平方米零点二千克降到零点一千克（在美国，每四千平方米零点五千克的致命标准仍在使用）。在对喷药效果观察了几年后，加拿大人发现了一个进退两难的情况，即如果继续喷药，对于那些喜欢垂钓鲑鱼的人们没有什么好处。

一系列不同寻常的事件拯救了米拉米奇河西北部的鱼类，但这样巧合的井喷事件在一个世纪之内再也不会出现了。我们有必要了解一下事情的经过和原因。

正如我们所知，在1954年，米拉米奇河西北流域已经喷洒了大量药物。此后，除了1956年在一个狭窄地带喷过药外，整个支流上游没有再喷过药。1954年秋天，一个热带风暴对米拉米奇河的鲑鱼产生了重要影响。艾德娜飓风一路北上，给新英格兰地区和加拿大海岸带来了倾盆大雨，形成的洪流裹挟着大量淡水奔流入海，吸引了大量鲑鱼，因此，河床的砾石间出现了数目繁多的鱼卵。1955年春天，在米拉米奇西北部孵化的幼鲑获得了理想的生存环境。虽然1954年DDT杀死了所有的水生昆虫，但最小的昆虫——摇蚊和黑蝇，已经得到了恢复，它们是幼鲑的主要食物。因此，那年的鲑苗不仅有丰富的食物，而且几乎没有争食者。这是因为，较大的幼鲑已经在1954年被药剂毒死了。相应地，1955年的鱼苗生长迅速，并大量存活下来，它们很快在河流中完成了发育，随后奔向大海。1959年，大量鲑鱼返回河流，并产下了很多鱼卵。

米拉米奇西北流域状况相对较好，是因为只喷过一次药。从其他河段可以明显看出重复喷药的后果，那里的鲑鱼正急剧减少。

在喷过药的河流里，各阶段的幼鲑都很少见。据生物学家报告，鲑鱼苗经常"全军覆灭"。米拉米奇河西南段在1956和1957年都喷过药，结果1959年的捕鱼量是十年来最少的，渔民议论着洄游鲑鱼的数量在急剧减少。在米拉米奇河口的采样处，1959年洄游的幼鲑仅是上一年的四分之一。1959年，米拉米奇河首次入海的两岁幼鲑仅有六十万条，不到过去三年中任何一年的三分之一。在这样的背景下，新不伦瑞克的鲑鱼业只能指望找出DDT的替代品了……

除了喷洒的面积大和事实详尽之外，加拿大东部的情况并不特殊。缅因州同样有云杉和香脂树森林，也面临昆虫防治问题。缅因州也有鲑鱼洄游的河流——这是冰川时代的残留物，即使生物学家和环保人士想为鲑鱼保住这份残羹冷炙也是十分困难的，因为工业污染和大量原木的阻塞使河流不堪重负。尽管这里也喷了药来对付无处不在的卷叶虫，但受到影响的区域却相对较小，而且也没有影响到鲑鱼产卵的主要河流。但是缅因州内陆渔猎管理局观察到的鱼类状况，可能是一个非常凶险的征兆。

该局报告说："1958年喷药过后，在大戈达德河中立刻就发现了大量濒死的鲫鱼。它们表现出典型的DDT中毒症状：游动的姿势很奇怪，冒出水面大口喘气，不停颤抖、痉挛。喷药后的五天内，两张渔网发现了六百六十八条死了的鲫鱼。在小戈达德河、卡里河、阿尔德河以及布雷克河，都发现了大量死去的鲦鱼和鲫鱼。经常有一些虚弱、濒死的鱼儿沿着河流向下游漂去。在一些地方，喷药一周后，还发现变瞎的、濒死的鳟鱼顺着河水漂流。"（各种研究证实DDT可导致鱼类变瞎。1957年，一位生物学家观察了温哥华岛北部的喷药后报告说，原来很凶猛的鳟鱼，现在可以轻易地被人从河中徒手捞出，因为它们游动很慢，根本无力逃脱。检测发现，鳟鱼的眼睛蒙上了一层白膜，说明它们的视力已经受到损伤甚至有的完全瞎了。加拿大渔业局的研究显示，没有被浓度为百万分之三的DDT杀死的银鲑都出现了眼盲症状，表现为晶体混浊。）凡是有森林的地方，昆虫防治的现代方法就会威胁到林区河流中生活的鱼类。

1955年，黄石公园内部和周围的喷药行动造成了美国鱼类大量死亡是最著名的一个例子。那年秋天，黄石河中发现的死鱼数量之大，使渔猎爱好者和蒙大拿渔猎管理人员都感到震惊。约一百四十千米的河流受到影响，在三百米长的一段河岸，发现了六百条死鱼，包括褐鳟、白鱼和鲫鱼。鳟鱼的天然食物——水生昆虫也已经消失了。

林业局的官员宣布，他们是根据建议，按每四千平方米零点五千克DDT的"安全"标准执行的。但是，喷药后果说明这种建议并不可靠。1956年，蒙大拿渔猎局与另外两个联邦机构——鱼类与野生动物管理局和林业局，开始进行联合研究。在这一年，蒙大拿州共喷药三千六百平方千米；1957年，又喷药三千二百平方千米。所以，生物学家很容易就能找到研究对象。

各地鱼类死亡情形有着共同的表象：森林上空弥漫着DDT的气味，水面上漂着一层油膜，岸边是死去的鳟鱼。不管是活的还是死的，检测过的鱼，体内都发现了DDT残留。与加拿大东部的情况一样，喷药导致了生物饵料的锐减。很多地方的研究都表明，水生昆虫和其他河底生物的数量减少到了原来的十分之一。鳟鱼捕食的昆虫一旦遭到毁灭，需要很长时间才能恢复过来。即使到了喷药第二年的夏末，也只有少量的水生昆虫恢复，有一条河流，深水生物曾经异常丰富，但是现在几乎见不到昆虫了。这条河里的可供垂钓的鱼儿也减少了百分之八十。

鱼儿不一定会马上死去。实际上，延迟死亡比立即死去的后果更严重。正如蒙大拿州的生物学家发现的，延迟死亡由于发生在鱼汛之后，所以很容易被忽略。在研究过的河流中，大量秋季繁殖的鱼类死亡，包括褐鳟、河鳟和白鱼。这并不奇怪，因为无论是鱼还是人，所有的生物在生理应激期间都要消耗脂肪来提供能量，这就使鱼完全暴露在其体内DDT的致命毒性之下。

这样，我们就可以清楚地看到，每四千平方米喷洒零点五千克DDT会对林中河流的鱼类产生严重威胁。此外，DDT对卷叶虫的控制也乏善可陈（没有什么好的地方可以称道），很多地方只能重复喷药。蒙大拿渔猎局对此表达了强烈的不满，表示它不愿意仅仅"为了一项必要性和功效都值得怀疑的计划"而牺牲渔业资源。然而，该局又宣布，将继续与林业局加强合作来"竭尽全力降低副作用"。

但是，这种合作真的能拯救鱼类吗？卑诗省的经验足以说明问题。黑头卷叶虫在那里已经肆虐了好几年，林业局的官员担心再过一个季节，树木会因为脱叶而大量死亡，于是在1957年决定采取措施。他们与渔猎局商讨过很多次，因为他们担心洄游的鲑鱼受到伤害。森林生物分局同意在不影响其效果的前提下，对喷药计划做出调整，以减少对鱼类的损害。

虽然采取了预防措施，也做了一番努力，但是至少有四条河流中的鲑鱼全部死亡。在其中一条河流中，四万条洄游银鲑中的幼鲑被全部毒死。几千条年幼的硬头鳟和其他种类的鳟鱼同样损失惨重。银鲑遵循着三年的生活周期，而洄游的鱼儿几乎都是同年龄段的。与其他的鲑鱼一样，银鲑有很强的洄游本能，它们只会回到自己的出生地，而不会游到别的河流中去。这就意味着，每隔三年的鲑鱼洄游几乎不复存在了，除非通过人工繁殖或其他方法才能使之恢复。

有一些方法，既能保护森林，又能挽救鱼类。如果对喷药放任不管，河流就会变成死亡之地，我们将陷入绝望，同时也把自己交给了失败主义。我们必须拓展已有的方法，必须充分利用自己的聪明才智和各种资源来发明新方法。有记录显示，天然的寄生虫病可以很好地控制卷叶虫，比喷药更有效。我们应该充分利用这种自然方法。我们可以使用毒性较弱的试剂，或者利用能使卷叶虫生病而不破坏森林生态的微生物，这样也许更好。在本书的后面，我们会了解这些替代方法以及它们的功效。

同时，我们应该认识到，对森林中的昆虫进行化学防治，既不是唯一的方法，也不是最佳的方法。杀虫剂对鱼类的威胁包括三种类型，如我们所看到的，第一种是关于北部森林河流中鱼类的，它与森林喷药有关，这种威胁几乎完全是DDT作用的结果；第二种是那些不断蔓延、四处扩散的毒素，它会影响许多鱼类，如鲈鱼、太阳鱼、鲫鱼、鲑鱼以及全国各地湖泊河流里的其他鱼类，这种问题几乎与所有的农业杀虫剂有关，其中一些主要毒素很容易辨别，如异狄氏剂、毒杀芬、狄氏剂和七氯等；最后一种问题需要我们现在就开始考虑将来会发生什么，因为揭露真相的研究才刚刚起步，这类问题与盐沼、海湾、河口中的鱼类有关。

新型有机杀虫剂的广泛使用必定会对鱼类造成严重的损害，因为鱼类对氯化烃异常敏感，而现代杀虫剂大多是用氯化烃制成的。数百万吨有毒的化学药剂接触地表后，必然会有一部分毒素进入海陆无限循环的水中。

如今，鱼类死亡的报告十分频繁，其中有些案例死亡率极高，简直就是一场灾难，美国公共卫生署不得不设立办事处来收集各地报告，作为水污染的指标。这个问题也引起了很多人的关注。大约二千五百万美国人把钓鱼当作一大乐趣，另有一千五百万人也时常去一试身手；他们每年会花费三十亿美元用于办理执照，购买渔具、露宿器材、汽油以及住宿。如果他们没法钓鱼的话，会对经济产生很大影响。商业性渔业有巨大的经济效益，更重要的是，它还是一个必要的食物来源。内陆和海洋渔业（除了近海捕鱼）每年捕鱼约十三亿六千万千克。然而，正如我们所见到的，杀虫剂侵入溪流、池塘、江河及海湾，对钓鱼休闲和商业捕鱼构成了严重威胁。

农业用药毒死鱼类的例子比比皆是。例如，在加利福尼亚州，用狄氏剂治理一种稻叶害虫，致使大约六万条垂钓鱼丧生，其中主要是蓝鳃太阳鱼和其他太阳鱼；在路易斯安那州，由于在甘蔗地里使用了异狄氏剂，仅在1960年就出现了三十多次鱼类大量死亡的现象；在宾夕法尼亚州，为了杀死果园里的老鼠，喷洒了异狄氏剂，造成大量的鱼类死亡；西部高原使用氯丹控制蚱蜢，却毒死了河里大量的鱼。

美国南部为了控制火蚁而展开了规模宏大的喷药计划，几万平方千米的土地被喷了个严严实实，可能没有任何一个其他农业计划能与之相提并论。这次用的主要是七氯，对鱼类的毒性比DDT稍弱。另一种对付火蚁的药物——狄氏剂，会对所有的水生生物造成极大伤害。然而此次行动中，异狄氏剂和毒杀芬给鱼类造成的威胁更大。

在火蚁防治区内，不论使用的是七氯还是狄氏剂，都给水生生物带来了灾难。从一些生物学家的报告的只言片语中，我们就能闻到死神的味道。得克萨斯的报告说："尽管我们竭力保护河流，但是仍有大量水生动物死亡""死鱼……出现在所有处理过的水域""连续三周都出现了鱼类大量死亡的现象。"亚拉巴马州的报告提道："喷药几天后，威尔科克斯郡的大部分成年鱼都死了……季节性水域和小支流里的鱼几乎灭绝了。"

路易斯安那州的渔民们纷纷抱怨水产养殖的损失。在一条运河上，在不到四百米的距离内，就有五百多条死鱼，它们或浮在河面，或躺在岸边。在另一个教区出现了一百五十条死去的翻车鱼，是原来数量的四分之一。其他五种鱼几乎全部死光了。

在佛罗里达州的一个喷药区，人们在池塘里的鱼的体内发现了七氯和次生化学物氧化七氯的残留，这些鱼包括太阳鱼和鲈鱼，它们都是垂钓者喜爱的猎物，也是人们爱吃的鱼类。食品和药物管理局认为这些鱼体内的化学残留物毒性很大，哪怕人类摄入很少的量也非常危险。

关于鱼类、青蛙以及其他水生生物的死亡报告层出不穷，因此，一个致力于研究鱼类、爬行动物和两栖动物的组织——美国鱼类学家和爬虫学家协会，于1958年通过了一项决议，呼吁美国农业部门和有关部门"在造成无法挽回的损失之前，停止从空中喷洒七氯、狄氏剂以及其他毒药"。协会呼吁关注美国东南部的各种鱼类和其他生物，包括世界上其他地方没有的一些物种。协会警告说："很多动物只生活在很小的区域内，因而很容易被灭绝。"

由于人们使用杀虫剂来对付棉花害虫，南方各州的鱼类也损失惨重。1950年夏天，亚拉巴马州北部的棉花产区就经历了一场灾难。在这之前，人们只要使用少量的有机杀虫剂就能控制象鼻虫。但是，由于一连几个冬天都很暖和，1950年滋生了大量的象鼻虫。于是，百分之八十到百分之九十五的农民在县技术人员的催促下，使用了杀虫剂。他们普遍使用的是毒杀芬——一种对鱼类杀伤力极强的毒品。

那年夏天，雨水频繁，降水强度大，雨水把药剂冲进了河里，于是农民反复喷药。那年每四千平方米平均喷洒了二十九千克毒杀芬。有些农夫甚至在四千平方米的土地上使用了九十一千克药剂；还有一名农夫出于满腔热情，在四千平方米土地上"慷慨"地施用了超过二千五百千克的农药。

结果可想而知。亚拉巴马州棉产区的弗林特河就是一个典型的例子，在注入惠勒水库之前，它已经在棉区蜿蜒流淌了八十千米。8月1日，弗林特河流域大雨倾盆。陆地上起初是涓涓细流，随后变成湍急的小渠，最后形成汹涌的洪水涌进河中。河水上涨了十五厘米。从第二天早晨的景象来看，除了雨水，一定还有其他东西冲入河中了，因为鱼儿在水面盲目地转圈，有时候它们会从水中跳到岸上，因而很容易被抓到；一个农夫捡起几条鱼，把它们放进了泉水池中，它们恢复过来了。但是，在河中，整天都有死鱼顺流而下。这只是一个序曲，每次下雨都会把更多的杀虫剂冲进河里，毒死更多的鱼。8月10日的那一场大雨几乎把河里的鱼都杀光了，以至于8月15日的大雨后，毒药再一次涌进河流时，此时已经无鱼可杀了。人们把装有金鱼的笼子放入河中，得到了化学毒药的证据——金鱼在一天之内就死了。

弗林特河中死亡的鱼类包括大量的白刺盖太阳鱼，它们是垂钓者最喜爱的一种鱼。在河水注入的惠勒水库也发现了大量死亡的鲈鱼和太阳鱼。这些水域中的无用杂鱼也惨遭毒害，包括鲤鱼、水牛鱼、石首鱼、泥鳅鱼、鲶鱼等。这些鱼没有生病的迹象，只有濒死时反常的行为和奇怪的紫红色鱼鳃。

如果在温暖而封闭的养鱼池附近使用了杀虫剂，环境对鱼类就可能会变得致命。正如很多例子一样，毒素随着雨水和径流进入池塘。除此之外，有时候喷药的飞行员在经过池塘时，会忘记关掉喷粉器，药粉会直接落入池塘。其实，无须如此复杂，正常的农药用量已经远远超出鱼类的致死剂量了。或者说，即使大量减少用药，也无济于事，因为每四千平方米池塘超过四十五克的用药剂量就足以对鱼类造成危害。毒素一旦进入池塘，就很难清除。为了消灭银色小鱼而往池塘里撒了DDT，经反复放干冲洗后，毒性依然强大，结果后来放养的翻车鱼被毒死了百分之九十四。很明显，毒素潜藏在池塘底部的淤泥里。

显然，现在的状况比起现代杀虫剂刚刚投入使用时，并没有任何起色。俄克拉荷马州野生动物保护署在1961年说，他们每周最少会接到一起养鱼池或者小湖泊有大量死鱼的报告，而且这样的报告还在增加。由于多年来这类情况不断上演，对于造成这种损失的原因也早已为人所熟知：农业用药，然后一场大雨来袭，毒素趁机涌进池塘。

在世界上一些地方，鱼塘的鱼是必不可少的食物来源。这些地方置鱼类的生死于不顾，任意使用杀虫剂，从而引发了很多紧急问题。例如，在罗德西亚，浓度仅为百万分之零点零四的DDT杀死了浅水中的一种重要食用鱼——卡菲鳊鱼的幼苗。即使很小剂量的其他药剂也可能会致命。这些鱼类生活的浅水也是蚊虫繁殖的理想圣地。控制蚊虫，同时保护好中非地区重要的食用鱼资源，这个问题显然没有得到妥善解决。

在菲律宾、中国、越南、泰国、印度尼西亚以及印度，遮目鱼的养殖也面临同样的问题。遮目鱼在这些国家被养殖在沿海地区的浅水池中。成群的鱼苗会突然出现在岸边的水中（没人知道它们来自何方），人们把它们捞起来，放进养鱼池中，等它们慢慢长大。对于以大米为生的无数的东南亚人和印度人来说，这种鱼是一种重要的蛋白质来源，因此太平洋科学会议建议在全球范围内搜寻它们的产卵地，进而实现大规模的养殖。但是，杀虫剂给现有的养鱼池造成了严重的损失。在喷药飞机飞过一个养殖了十二万条遮目鱼的鱼塘后，尽管池塘的主人拼力往池塘里注水来稀释毒素，仍有一半多的鱼被毒死了。

1961年，在得克萨斯州奥斯汀市下游的科罗拉多河，发生了近年来最严重的鱼类死亡事件。1月15日（星期日）早晨，天刚亮，在奥斯汀新城湖湖面上和下游约八千米的河面上发现了死鱼。前一天都还好好的，周一的时候，就有了很多报告，说河水下游八十千米的地方发现了死鱼。最后终于真相大白了，一些有毒物质正顺着河流向下游扩散。到了1月21日，在下游一百六十千米处的拉格朗吉附近有鱼类死亡。一周后，这些毒素又在奥斯汀下游三百二十千米处疯狂肆虐。在1月的最后一周，当局关闭了沿海航道的水闸，以阻止毒素进入马塔戈达湾，并将其引入墨西哥湾中。

同时，奥斯汀的调查人员闻到一股氯丹和毒杀芬的气味。这种味道在一处排水管道附近尤其强烈。这条管道过去一直饱受工业废料的困扰，当得克萨斯渔猎委员会的官员从湖泊沿着管道探寻源头的时候，他们觉察到一种六氯化苯的味道，这种气味一直延伸到一家化工厂的支线。这家化工厂主要生产DDT、六氯化苯、氯丹、毒杀芬以及少量其他杀虫剂。工厂负责人承认，最近大量的药粉被冲进了排水管中。更使人震惊的是，他还承认溢出的杀虫剂和农药残留在过去十年中一直就是这样处理的。

通过进一步调查，渔业官员发现，雨水和清洁用水也可能把其他工厂的杀虫剂冲进排水管。另一个发现填补了整个链条的最后一环：在湖水和河水中发生鱼类死亡的前几天，为了清理残屑，整个排水系统被用几百万升的高压水冲洗过了。毫无疑问，这些水把隐藏在砾石和细沙中的杀虫剂冲到了湖泊和河流里，后来的化学实验发现了它们的藏身之地。

致命的毒素顺着科罗拉多河水漂流，死亡随之而来。湖泊下游二百二十千米河段里的鱼几乎死光了，因为后来人们用大网捞了一遍，想看看有没有幸存的鱼，结果一无所获。在一千六百米长的河岸边，人们发现了二十七种死去的鱼，总共约为四百五十千克。有主要的垂钓鱼——叉尾鲶鱼，有蓝鲶鱼、扁头鲶鱼、大头鲶鱼、太阳鱼（有四种）、银鱼、鲦鱼、曲口鱼、大嘴鲈鱼、鲤鱼、鲻鱼、鲫鱼，还有鳗鱼、雀鳝、泥鲱鱼、水牛鱼。其中一些鱼肯定是这条河里的元老，从大小就能判断出它们的年龄一定很大了——很多扁头鲶鱼体重超过十一千克，据说当地居民在河边捡到过二十七千克重的鱼，据官方记载，有一条巨大的蓝鲶鱼重达三十八千克。

渔猎委员会估计，即使污染到此为止，这条河里鱼类的状况在很长时间里都难以获得改观。一些种类——那些只在某一区域生存的物种——可能永远都不能自行恢复，其他鱼类也只能依靠大量人工繁殖才能壮大起来。

奥斯汀市的鱼类灾难已经调查清楚了，但是事情远未结束。河水向下游行进了三百二十多千米后，仍然有毒。人们认为，让这些水进入马塔戈达湾太危险了，因为那里有牡蛎和养虾场。于是，这些毒药水被引入墨西哥湾的开放水域。毒素在那里会造成什么影响？其他河流的毒水又会对环境造成什么影响呢？

目前，关于这些问题的回答还只是猜测，但是越来越多的人开始关心杀虫剂对河口、盐沼、海湾和其他水域的影响了。这些水域不仅要容纳有毒的河水，有时为了控制蚊虫，还会遭到药剂的直接攻击。

杀虫剂对盐沼、河口以及海湾生物的影响，形象生动地通过佛罗里达州东海岸的印第安河表现出来了。1955年春天，为了消灭白蛉幼虫，圣露西县在约八平方千米的盐沼上喷洒了狄氏剂。使用的有效成分约合每四千平方米零点五千克。它对水生生物的影响简直就像一场灾难。国家卫生委员会昆虫研究中心的科学家对喷药后的惨状进行了研究，并做了报告，说鱼类"彻底都死了"。海岸上到处都是死鱼的尸体。从空中可以看到，受到无助的、垂死的鱼的吸引，鲨鱼正在慢慢靠近。所有的鱼类都无法逃脱。死亡的鱼包括鲻鱼、锯盖鱼、银鲈、食蚊鱼。

"印第安河岸除外，整个沼泽区被毒死的鱼至少有二十吨至三十吨，或者至少三十种，大约一百一十七万五千条。"调查组的哈灵顿和比德林梅尔报告说。

软体动物似乎没有受到狄氏剂的影响。甲壳类生物全部灭绝了。水生螃蟹受到重创：招潮蟹几乎全部死亡，幸存的仅在漏掉喷药的小块地方苟延残喘了一阵。

较大的垂钓鱼和食用鱼最先死去……螃蟹会爬到濒死的鱼儿身上大快朵颐，第二天就跟着死去。蜗牛继续吞食鱼的尸体。两周后，鱼的尸体就彻底消失了。

赫伯特·米尔斯博士在佛罗里达对岸的坦帕湾进行观察后，描绘了同样悲惨的画面，包括威士忌湾在内的那一区域，奥特朋协会建立了一个鸟类保护区。具有讽刺意味的是，在当地卫生部门为了消灭盐沼蚊而喷药后，整个保护区就变成了一个灾难地。在这里，鱼类和螃蟹是主要的受害者。招潮蟹体型较小，长着斑斓的外壳，在泥地或沙地成群爬过时，就像吃草的牛群一样对喷剂根本没有任何抵抗力。经过夏秋两季的连续喷洒（一些地区喷药多达十六次），正如米尔斯博士总结的，"目前，招潮蟹的数量正呈现锐减的态势。在10月12日潮水和天气状况下，本应该有十万只蟹，但是海滩的能见范围内只发现了不到一百只，而且都是非病即死，它们不停颤抖、抽搐，步履蹒跚，失去了爬行能力，但是附近没有喷过药的地方招潮蟹还有很多"。

招潮蟹对自己周围的环境至关重要，因为它们是众多动物的食物来源。沿海的浣熊以它们为食，像长嘴秧鸡、一些滨鸟和海鸟也会捕杀它们。在新泽西州一个喷过DDT的盐沼里，笑鸥的数量在几周内就减少了百分之八十五，这可能是因为喷药之后鸟儿的食物不够了。招潮蟹在其他方面也发挥着重要作用，它们是重要的食腐动物，通过到处挖掘使沼泽的泥土透气。它们也给渔民带来了大量饵料。

招潮蟹并不是潮沼和河口地区唯一受杀虫剂威胁的生物，其他一些对人类更为重要的动物也面临着危险。切萨皮克湾和大西洋沿岸地区久负盛名的蓝蟹就是一个例子。这种蟹对杀虫剂十分敏感，所以溪流、水沟和潮沼里每喷一次药都会杀死大量的蓝蟹。挥之不去的毒素不仅毒死了本地蟹，还杀死了从海里迁徙过来的螃蟹。有时候中毒可能是间接的，跟印第安河附近沼泽地的情况一样，螃蟹吃了垂死的鱼，也很快中毒而亡。

人们还不大了解龙虾受到的危害，要知道，它们与蓝蟹都属于节肢动物的同一科，有相同的生理特征，因而可能受到同样的影响。石蟹和其他对人类具有重要价值的食物——甲壳动物，也面临同样的问题。

近岸水域——海湾、海峡、河口、潮沼，形成了一个最重要的生态群落。这些水域与各种鱼类、软体动物以及甲壳动物都密不可分，一旦这些地方变得不适宜动物生存，这些海味将从我们的餐桌上永远消失。

即使广布于沿海的鱼类，其中很多也要依赖近岸水域来产卵育苗。佛罗里达西海岸较低的区域是长满红树的河流，还有运河，里面有数不清的海鲢幼鱼。在大西洋沿岸，海鳟、斑鱼、石首鱼会在岛和"堤岸"间的海湾浅滩上产卵，这条"堤岸"像一条保护链排列在纽约南部的岸边。幼鱼孵出后随着潮汐穿过海湾。在海湾和海峡里——克里塔克湾、帕姆利科湾、博格湾等，它们能找到食物，并迅速成长。没有这些温暖、安全、食物丰富的育苗场，各种鱼群是无法生存的。然而，我们却对含有杀虫剂的河水或者在沿岸沼泽地喷洒的农药熟视无睹。

幼鱼更容易受到农药的直接毒害。另外，虾也要依靠近海的育苗基地。这种数量丰富、分布广泛的生物支撑着大西洋南部和墨西哥湾地区的渔业。虽然虾在海中产卵，但是小虾会在几周大的时候前往河口和海湾蜕皮并不断成长。从五六月份一直到秋天，它们会待在那里，以水底的残屑为食。在整个近海生活期间，虾群的数量和捕虾活动都取决于河口的条件。

杀虫剂会对捕虾和虾的供应形成威胁吗？答案可能就在商业渔业局最近所做的实验中。刚过了幼年期的食用虾对杀虫剂的抵抗力非常弱，大约是十亿分之一，而不是常用的百万分之一的标准。例如，在一次实验中，浓度仅为十亿分之十五的狄氏剂毒死了一半的虾。其他化学药剂毒性更强。各种化学药剂中一种毒性最强的异狄氏剂，浓度仅为十亿分之零点五，就杀死了一半的虾。

牡蛎和蛤蜊受到的威胁更加严重，同样也是幼体最易中毒。这些甲壳动物生活在从新英格兰到得克萨斯州的海湾、海峡和感潮河段的底部以及太平洋海岸的荫蔽区域。虽然成年甲壳动物不再迁徙，但是它们会把卵产在海洋中，在那里，幼体几周内就可以自由活动了。夏天，一条船如果拖着一张细孔的拖网，会捕捉到各种浮游生物，其中就夹杂着极其细小、脆如玻璃的牡蛎和蛤蜊幼苗。这些透明的幼苗还不如一粒灰尘大，成群地在水面游动，以微生物为食。如果海洋中的微生物消失了，它们就会饿死。然而，杀虫剂恰恰可以杀死大量的浮游生物。一些用于草坪、耕地、路边，甚至是海岸沼泽的除草剂对浮游植物伤害极大，有些浮游植物的农药耐药性不足十亿分之十。

脆弱的幼苗也会被极少量的杀虫剂杀死。即使接触了小于致命的剂量，幼苗最终也会死亡，因为延缓了它们的发育。这意味着它们必须在危险的浮游生物中生活更久，减少了成长的机会。

对于成年软体动物而言，直接中毒的危险较小，至少有一些杀虫剂是这样的。但是，这并不意味着它们可以高枕无忧了。毒素会在牡蛎和蛤蜊的消化器官和身体组织中不断积蓄。人们吃这两种食物时，经常会全部吞下，有时还会生吃。商业渔业局的菲利普·巴特勒博士指出，我们的境地可能与旅鸫一样可怜。他提醒说，旅鸫不是因为直接接触DDT死亡的，而是吃了体内有杀虫剂的蚯蚓才丧命的。

虽然昆虫防治直接造成河流、池塘的鱼类和甲壳动物突然死亡的后果，足以使人震惊，但是随着河流、小溪进入河口的杀虫剂造成的神秘莫测的难以估量的影响将会带来更大的灾难。整个事件充满了各种谜题，目前尚未形成令人满意的答案。我们知道，农田和森林的杀虫剂通过河流进入海洋。但是，我们并不知晓它们的种类有多少、数量有多大，一旦毒素进入海洋就会被高度稀释，目前我们还没有可靠的方法在这种状态下检测它们的种类。虽然我们知道化学药品在漫长的旅途中肯定发生了变化，但是我们并不知道它们的毒性是变强了还是减弱了。另一个有待探索的问题就是化学药品之间的反应，当它们进入各种矿物质激荡混杂的海洋时，这一问题显得尤为紧迫。所有这些问题都急需通过全面的研究找出准确的答案，然而这方面的研究经费却少得可怜。

淡水和海洋渔业关乎许多人的利益和福祉，其重要性不言而喻。毫无疑问，现在它们受到了水体中化学药品的严重威胁。如果能从每年研究强毒药剂的经费中拿出一小部分用于建设性的研究，我们就能较少地使用这些毒剂，并使河流免受其害。公众什么时候会认清事实，呼吁采取这样的行动呢？

# 第十章

DISHIZHANG

# 祸从天降

　　为了防治虫害，人们将危险的化学药品肆无忌惮地从空中洒下来。使用飞机喷药，扩大了化学药剂的覆盖范围，不管是森林和耕地，还是大城小市，都被化学药剂覆盖；不仅是目标虫害或植物，还包括各种生物——人和其他生物，都会尝到毒药的恶果。大规模的空中喷药让人们产生了担忧，大规模的灭虫活动会产生怎样的效果呢？是否得大于失？有没有理想的方法？特别是费用最高、损失最大、效果奇差无比的灭蚁行动，甚至让人们怀疑推行者是否别有用心。

　　起初，在农田和森林上空的喷药范围很小，但现在喷药范围一直在扩大，用药量也一直在增加，所以一位英国生物学家把它称为"死亡之雨"。我们对毒素的态度已经发生了微妙的变化。这些化学药品曾经装在印有骷髅标志的容器里，也会注明它们仅限于敌害目标，严禁滥用。随着新型有机杀虫剂的问世，加上二战后飞机过剩，这些原则都被抛到九霄云外了。虽然现在的化学药品比以往的更加危险，但使人不解的是，人们却肆无忌惮地把它们从空中洒下来。在化学药剂覆盖的地方，不仅是目标虫害或植物，还包括各种生物——人和其他生物，都会尝到毒药的恶果。人们不仅给森林和耕地喷药，大城小市也被镀了一层药膜。

　　现在已经有很多人开始对大规模的空中喷药产生担忧，20世纪50年代末的两场大规模喷药行动加重了人们的疑虑。这两次行动分别针对东北部各州的舞毒蛾和南部的火蚁。这两种昆虫都不是本地物种，但已在美国生存多年，并没有造成多大危害，所以没有必要采用极端措施。然而，在农业昆虫防治部门"为达目的不择手段"的指导方针下，人类还是对它们展开了猛烈的攻击。

消灭舞毒蛾的行动表明，当轻率的、大规模的行动纲领取代了局部的、有节制的防治后，就会造成巨大的损失。针对火蚁的行动就是一个小题大做的典型事例，在完全不知道灭虫所需剂量，也没弄清对其他生命的可能影响的情况下，就鲁莽行动，结果两次行动均以失败告终。

舞毒蛾本来在欧洲生活，进入美国已经有将近一百年的时间了。1869年，一位法国科学家奥博德·特罗威特在马萨诸塞州梅德福市的实验室里不小心把几只放了出去，当时他正尝试将舞毒蛾与家蚕杂交。舞毒蛾渐渐在新英格兰地区扩散开来。其传播首要方式是风——舞毒蛾幼虫非常轻，可以被吹到很远的地方。另一种方式是植物的传送，它们携带大量过冬的虫卵。每年春天，舞毒蛾毛虫都会连续好几个星期持续破坏橡树和其他硬木的叶子，如今它们已经遍布所有的新英格兰地区。新泽西也零星出现了它们的踪迹，1911年，一批从荷兰运来的云杉树把它们带了进来。目前还尚未得知它们是怎样进入密歇根州的。1938年，新英格兰的飓风把舞毒蛾吹到了宾夕法尼亚州和纽约州。不过，阿迪克朗达克山充当了它们的天然屏障，阻挡了它们西行的脚步，因为那里长的树木不合它们的胃口。

人们已经用尽了各种方法，把它们限制在美国东北一角，而且自美国出现舞毒蛾之后的近一百年里，并没有证据显示它们入侵了阿巴拉契亚山脉的硬木林，这样的担忧也是多余的。从国外引进的十三种寄生虫和捕食性昆虫在新英格兰地区已经蓬勃发展起来了。农业部也认可了引进计划的效果，认为它们降低了舞毒蛾泛滥的频率和危害。这种自然控制外加检疫和局部喷药的方法取得了良好的成效。1955年，农业部称这些措施"出色地限制了它们的扩散和危害"。

然而，就在表态一年后，农业部植物虫害防治部门就开展了一项新计划，扬言要彻底"铲除"舞毒蛾，每年要给几万平方千米的土地喷药。（"铲除"的意思是使一个物种在某个地方完全灭绝。然而，由于几次计划相继失败，农业部不得不再三用到"铲除"这个词。）

农业部开展了全力以赴、规模宏大的化学战。1956年，宾夕法尼亚、新泽西、密歇根和纽约，共有将近四千平方千米土地进行了喷药处理。这些地区的人们纷纷抱怨喷药对他们造成的损害。随着大规模喷药模式的确立，环保人士愈发担忧。1957年，当农业部宣布要对十二万平方千米的土地进行化学处理时，反对的声音更加强烈了。面对人们的抱怨，州政府和联邦的农业部官员总是耸耸肩，认为这事根本不值得大惊小怪。

1957年，长岛被划入喷药范围，这里包括人口稠密的城镇和郊区，还有一些与盐沼毗邻的海岸地区。长岛纳苏郡是除了纽约市外这个州人口最多的地区。"纽约市已经被舞毒蛾侵袭"，这一说法被拿来作为喷药的论据，真是荒谬到了极点。因为舞毒蛾是一种森林昆虫，不会生活在城市中，它们也不会在牧场、耕地、花园或沼泽中生存。然而，1957年，由美国农业部和纽约农业与商业部雇佣的飞机还是把DDT不偏不倚地洒了下来。蔬菜园、奶牛场、鱼塘、盐沼都被喷了药。飞机飞到郊区时，一名家庭主妇正急着把自家的花园遮上，而她的衣服被药剂淋湿了。杀虫剂还洒向正在玩耍的孩子们和火车站的上班人群。在希托基特，一匹优良的夸特马正在水槽边喝水，结果被飞机喷了个正着，十个小时后就死了。汽车上被喷得油渍斑斑，花儿和灌丛也遭到损毁。鸟、鱼、蟹以及很多益虫被统统杀死。

一群长岛市民在世界著名鸟类学家罗伯特·库什曼·墨菲的带领下，上诉法院，要求停止喷药计划。最初上诉被驳回后，无奈的市民只能承受漫天飞舞的DDT药剂，但是他们坚持上诉，要求实行永久禁令。然而，由于判决已经执行，因而法院判定市民的请求"毫无意义"。这件案子一直上诉到最高法院，却被拒绝审理。威廉姆·道格拉斯法官对法院拒绝复审的决定表示了强烈不满，他表示："许多专家和官员提出的DDT危害，足以说明这一案件对民众的重要性。"

长岛市民提出的诉讼至少使公众开始关注大规模使用杀虫剂的问题，并关注了公民的个人财产遭受侵犯的倾向。

对很多人而言，消灭舞毒蛾使牛奶和农产品受到污染是一个不幸的意外事件。纽约州维斯切斯特郡北部零点八平方千米的沃勒农场上发生的事就是其中一例。沃勒夫人曾特别叮嘱农业官员不要在她家的农场喷药，但是森林喷药根本不可能避开她的农场。她提出，可以对农场进行检查，如果发现舞毒蛾，可以针对性地对某些区域进行喷洒。虽然官员们向她保证不会喷到农场，但她的农场还是被直接喷洒了两次，还有两次被附近飘来的药剂侵袭。四十八小时后，沃勒农场格恩西纯种奶牛的牛奶样品中检测出DDT浓度为百万分之十四。野外的草料也受到了污染。当地卫生部门尽管知道了事情的经过，但是并没有禁止牛奶的销售。这只是消费者缺少保护的一个典型案例，而类似的情况不胜枚举。虽然食品和药物管理局禁止含有杀虫剂残留的牛奶出售，但这并没有得到认真执行，而且禁令只适用于州际交易。州内以及郡县没有必要遵守联邦杀虫剂的规定，除非联邦法律与当地法律一致，但是这种可能性微乎其微。

商品蔬菜园同样损失惨重。一些蔬菜的叶子上满是窟窿和斑点，因而难以出售。其他蔬菜都有严重的农药残留——康奈尔大学农业实验中心在一个豌豆样品中发现DDT的浓度为百万分之十四到百万分之二十二，而法律规定浓度最高为百万分之七。因此，菜农都蒙受了巨额损失或者卖出了带有农药残留的农产品。一些人因此申请到了赔偿。

随着空中喷洒的DDT逐渐增多，法院接到的诉讼也不断增加，其中有一些是来自纽约州的养蜂户。在1957年之前，果园喷洒DDT就已经给他们造成了巨大损失。一位养蜂户痛苦地说："在1953年前，我会把农业部和农学院的每个政策当作真理。"但是，1953年5月，州政府对一大片区域喷药后，这个人损失了八百个蜂群。人们承受损失的涉及面广、后果严重，所以另外十四个养蜂户和他一起状告州政府，要求赔偿二十五万美元的损失。另一位失去了四百个蜂群的人说，一片森林区的工蜂（外出采蜜并传授花粉的蜜蜂）一个不剩了，在另一片喷药较轻的农场，百分之五十的工蜂被毒死了。他写道："5月份的时候走进院子里，却听不到嗡嗡的蜜蜂叫，真是让人难受死了。"

消灭舞毒蛾的计划中充斥着各种不负责任的行为。由于喷药佣金结算不是根据喷洒的面积，而是根据施用的药量，因此飞行员们没有必要那么小气，很多地方被喷了可不止一次。空中作业合同常常被州外的公司拿下，他们并没有在州政府注册，因此也没有明确的法律责任。在这种状况下，蒙受损失的人们也迷糊了，不知道到底应该告谁。

经过1957年的灾难后，政府突然缩减了喷药计划并发表了含糊的声明，称要"评估"过去的工作，并测试其他杀虫剂。1957年的喷药面积为一万四千平方千米；1958年为二千平方千米；1959年到1961年，又降到了四百平方千米。在此期间，昆虫防治部门一定是因为长岛的事情感到颇为尴尬。舞毒蛾卷土重来，而且数量惊人。昂贵的喷药计划本打算铲除它们，最后却适得其反，也使农业部失去了公众的信任和良好的信誉。

这时，农业部病虫害防治人员暂时把舞毒蛾抛在了脑后，转而在南部开展了另一项更宏大的计划，这一次他们雄心勃勃。"铲除"又一次轻松地出现在农业部的文件中——这一次，他们承诺要彻底消灭火蚁。

火蚁，因其火红的毛刺而得名，从南美经亚拉巴马州莫比尔港进入美国。在第一次世界大战后不久，莫比尔港就发现了火蚁。到了1928年，火蚁已经扩散到了莫比尔郊区，然后继续蔓延，如今已经进入南部大多数州郡。

自进入美国四十多年来，火蚁好像从未引起人们的注意，只有在火蚁最多的州，人们才有点讨厌它们，这是因为它们会筑起三十多厘米高的巢穴，这些巢穴影响农机作业。只有两个州把它们列入了害虫名单，但都在名单底部。政府和个人似乎都觉得火蚁不会构成什么威胁。

随着具有强大杀伤力的化学药剂研制出来，官方对火蚁的态度突然转变了。1957年，美国农业部发动了历史上最引人瞩目的宣传活动。官方媒体、电影镜头、政府报告都大肆宣扬火蚁杀死了南部的鸟类、牲畜和人类，把它们描绘成了掠夺者。人类开始了声势浩大的计划，联邦政府将与深受其害的南方九州联合，对约八万平方千米的土地进行处理。在1958年消灭火蚁计划正紧锣密鼓地开展的时候，一家商业杂志兴奋地报道说："农业部开展的大规模害虫清理计划正逐步增加，美国杀虫剂生产商将经历一次销售热潮。"

除了"销售热潮"的直接受益人外，这项计划被千夫所指，较之以往任何计划所受到的责难都有过之而无不及。这是一次想法拙劣、执行力差、有百害而无一利的惊世骇俗之举，其结果是劳民伤财、残害生命，还使农业部失去了公众信任。然而，令人不解的是，竟然还有源源不断的资金投入进来。

一些被人嗤之以鼻（嗤：讥笑。用鼻子吭气冷笑，表示轻蔑）的说辞，起初却赢得了国会的支持。他们称火蚁会破坏农作物，攻击地面上孵化的幼鸟，进而对南部农业构成严重威胁。还有人说，它们的刺会伤害人类。

这些说法合理吗？想得到拨款的农业部观察员所做的声明与农业部的重要文件的内容并不一致。1957年的公报《控制昆虫、保护庄稼和牲畜——杀虫剂推荐品牌》中并没有提到火蚁。如果这份公报确实是农业部出的，这个"遗漏"简直不可思议。此外，1952年农业部出版的昆虫百科年鉴，洋洋洒洒地写了五十万字，却只有一小段提到了火蚁。

针对农业部所称火蚁毁坏庄稼、攻击牲畜的无端指责，亚拉巴马州农业实验中心经过仔细研究得出了相反的结论，而这里的人对火蚁再熟悉不过了。据亚拉巴马的科学家说，"很少见到火蚁会毁坏植物"。艾伦特博士是亚拉巴马州工学院的昆虫学家，他在1961年开始担任美国昆虫协会主席，他说："在过去五年没有收到一份火蚁破坏植物的报告……也没有发现牲畜受到伤害。"这些专家通过实地观察和实验室研究得出结论，火蚁主要以其他昆虫为食，其中很多对人类来说是害虫。有人观察到，火蚁会吃掉棉花上的象鼻幼虫。它们堆土筑巢的行为也会使土壤空气畅通，有利于排水渗透。密西西比州立大学所做的调查有力地支持了亚拉巴马州的研究结论，而且远比农业部的证据更令人信服，因为后者仅仅根据以往经验或对农民的访问而得出结论，而农民经常把不同种类的蚂蚁弄混。一些昆虫学家认为，随着火蚁的数量增加，其生活习性也有所改变，因此几十年前的观察结果几乎没有任何价值可言。

同样，火蚁威胁人类健康和生命的观点也是杜撰的。在一部农业部赞助的宣传电影中（旨在为计划争取支持），围绕火蚁的刺制作了很多恐怖的镜头。诚然，被火蚁刺到很疼，就像当心黄蜂和蜜蜂一样，人们经常接到提醒：尽量不要被刺到。个别敏感的人偶尔会发生严重反应，医学文献中记载了可能是由火蚁毒液引起的一起死亡案例，但是并未得到证实。相比较而言，人口统计局仅在1959年一年，就记录了三十三人因被蜜蜂和黄蜂螫到而死亡。但是，并没有人建议要"清除"这些昆虫。

当地的证据仍是最具说服力的。虽然火蚁已经在亚拉巴马州生存了四十多年，而且数量最多，但是当地卫生官员称："从没有人类因为火蚁叮咬而死的记录。"他认为，火蚁叮咬引起的病例也是"偶然"的。火蚁在草坪或者操场筑巢，孩子们可能被叮，但这绝不是给几万平方千米土地喷药的理由。针对性地处理一些巢穴就可以轻而易举地解决这些问题。

危害鸟类的言论也是毫无根据的。亚拉巴马州奥本市野生动物研究中心主任莫里斯·贝克博士在这方面最具发言权，他在这一地区工作多年，经验丰富。贝克博士的观点与农业部的截然相反。他说："在亚拉巴马南部和佛罗里达西北部，我们可以见到很多鸟，而且山齿鹑能与大量的火蚁共存……自亚拉巴马南部出现火蚁四十年来，鸟的数量稳定增长。如果火蚁严重危害野生动物的话，这样的事是不会发生的。"

用来对付火蚁的杀虫剂会对野生动物造成什么影响则是另一个问题。使用的狄氏剂和七氯，都是新型化学药剂。这两种农药没有在野外使用过，更没有人知道大规模喷洒会对鸟类、鱼类以及哺乳动物产生什么影响。当时了解到的信息就是两种药剂的毒性都比DDT强很多倍，而那时，DDT已经使用了将近十年，每四千平方米零点五千克的剂量已经毒死了一些鸟类和很多鱼类。但是狄氏剂和七氯的用药量更重，大部分情况下为每四千平方米零点九千克，如果恰好有白缘甲虫的话，狄氏剂的施用剂量则是每四千平方米一点四千克。这两种农药的毒性对于鸟类来说，七氯的规定剂量相当于每四千平方米九千克的DDT，而狄氏剂则相当于每四千平方米五十四千克的DDT！

大多数州环保部门、国家环保机构、生态学者以及一些昆虫学家都发出了紧急抗议，要求时任农业部部长伊拉斯·本森推迟计划，至少要等弄清楚七氯和狄氏剂对野生动物和家畜的影响，并掌握了控制火蚁所需的最小剂量之后再开展。有关部门完全无视这些抗议，喷药计划于1958年如期开展。第一年就有四千平方千米的土地受到处理。很明显，此时任何研究都成了马后炮。

随着喷药行动的继续，州和联邦的野生动物机构的生物学家以及一些大学所做的研究逐渐揭示出了真相。根据研究结果，在某些喷药区域，野生动物均受到了不同程度的影响，有的甚至灭绝了。很多家禽、牲畜和宠物也被杀死了。农业部以伤亡报告"夸大"和"误导"为由，对于造成的损失视而不见、充耳不闻。

然而，真相还是逐渐浮出了水面。例如在得克萨斯州哈丁郡，喷药过后，负鼠、犰（qiú）狳（yú）以及大量浣熊几乎全部消失。即使在喷药过后的第二年秋天，这些动物也难以见到。发现的几只浣熊体内均检测出了化学物质残留。

喷药地区的死鸟一定吸收或吃了对付火蚁的药剂，对鸟类身体组织的化学分析也证实了这个事实（唯一幸存的是家麻雀，其他地区的情况也证明它们的免疫力较强）。1959年在喷过药的亚拉巴马州的一片土地上，一半的鸟儿被杀死了，在地面活动或经常在低矮植被间活动的鸟类全部死亡。即使在喷药一年后，春天还是有鸣禽死亡，很多适合筑巢的地区都异常安静。在得克萨斯州，鸟巢里发现了死去的黑鹂、美洲雀和草地鹨，很多鸟巢都荒废着。得克萨斯州、路易斯安那州、亚拉巴马州、佐治亚州和佛罗里达州发现的死鸟送到鱼类与野生动物管理局分析后，发现有百分之九十的鸟类体内含有狄氏剂或七氯残留，浓度高达百万分之三十八。

北方繁殖的丘鹬会在路易斯安那过冬，如今它们体内已经发现了用于灭杀火蚁的化学药品的残留。原因非常明显，丘鹬一般用长长的喙找食吃，主要以蚯蚓为食。喷药六到十个月后，路易斯安那幸存的蚯蚓体内发现七氯的浓度高达百万分之二十。一年之后，其浓度残留仍有百万分之十。丘鹬中毒可以在喷药四个月后的幼鸟和成鸟的比例中看出一些端倪。

山齿鹑的情况最令南方狩猎者苦恼。在喷过药的地方，在这里筑巢觅食的鸟儿几乎灭绝。例如，亚拉巴马州的野生动物联合研究中心的生物学家对预定喷药的十五平方千米土地上的鹑鹑做了初步统计，发现该地区生活着十三个鸟群，共一百二十一只鹑鹑。喷药两周后，这里的鹑鹑死绝了。所有被送到鱼类与野生动物管理局的鹑鹑样本的体内都检测出了致死剂量的杀虫剂。得克萨斯州发生的悲剧就是这里的翻版，一片十平方千米的土地被喷药处理后，所有的鹑鹑都死了。而且，除了鹑鹑外，百分之九十的鸣禽也死于非命，它们的体内都检测出七氯残留。

除了鹑鹑之外，野火鸡的数量也因灭蚁计划严重减少。在喷洒七氯之前，亚拉巴马州威尔考克斯郡有八十只野火鸡，但是喷药之后的那年夏天，一只也找不到了——一只也没有，只剩下一窝未孵化的蛋和一只死了的雏鸡。家养火鸡和野火鸡的命运一样，在喷药的农场里，火鸡下蛋很少。只有极少的蛋可以孵化，但是几乎没有小鸡存活。附近未喷药的地区没有出现这种情况。

火鸡的命运绝不是个案。国内家喻户晓、备受尊敬的野生动物学家克莱伦斯·科塔姆博士走访了一些农户。农民们反映，喷过药后，所有的小鸟都消失了。除此之外，很多人报告说，自己的牲畜、家禽和宠物也死了。科塔姆博士说："有个人对喷药人员特别气愤。他说，他把自家十九头中毒而死的奶牛埋了或者用其他方式处理掉了。他还知道，别人家的四五头牛也是中毒死的。那些出生后只会吃奶的小牛犊也死了。"

科塔姆走访过的人们，都为接下来几个月内发生的事情困惑不解。一名妇女告诉他，在喷药后，她养了几只母鸡，"但是莫名其妙的是，没有小鸡孵出来或者存活下来"。另一名农夫养了一些猪，"喷药九个月后，都没有猪仔出生。小猪仔要么一生下就是死的，要么出生后不久就死了"。另一名养殖户也报告说，本来预计有二百五十头猪仔，结果只生了三十七头，而且仅有三十一头活了下来。另外，喷药之后，他再也养不起鸡了。

农业部一直在否认牲畜损失与灭蚁计划有关。佐治亚州班布里奇的一名兽医奥迪斯·波伊特文博士曾被请去医治中毒的动物，由此他认为是杀虫剂造成了动物的死亡，他的理由总结如下：喷药两周或几个月内，牛、羊、马、鸡、鸟以及其他野生动物都患上了一种致命的神经系统疾病。然而，这种病只出现在接触了有毒的食物或水源的动物身上，圈养的动物并没有受到影响。波伊特文博士以及其他兽医观察到的现象，与权威资料中所述狄氏剂或七氯中毒的症状完全一样。

波伊特文博士还描述了一头两个月大的牛犊中七氯毒的有趣情节。在对牛犊进行了彻底的检查后，发现其脂肪内存在浓度为百万分之七十九的七氯。但是，此时喷药结束已经五个月了。牛犊是吃草中毒，还是喝奶中毒，或者是在胚胎里已经中毒呢？波伊特文博士接着问道："如果是喝奶中毒的话，为什么没有采取预防措施保护孩子们？他们喝的都是当地的牛奶啊！"

他的报告提出了牛奶受污染这一重要议题。灭蚁计划的主要地区是田野和庄稼地。在这些地方吃草的奶牛状况如何呢？喷药地区的草上一定会有某种形式的七氯残留，如果牛吃了这些草，毒素一定会进入牛奶中。1955年，在防治计划实行很早之前，就有实验证明七氯可以直接侵入牛奶，后来狄氏剂的实验结果也一样，这两种药都在灭蚁计划中派上了用场。

如今，农业部的年刊已经把七氯和狄氏剂列入了一个不适用于产奶和肉食动物饲料用药的化学品名单。但是，防治部门还是在大片的牧区喷洒了这两种药剂。谁敢向消费者保证牛奶里不会有狄氏剂或七氯的残留呢？农业部门一定会说，他们已经建议农民把奶牛赶出喷药区三十天到九十天了。考虑到很多农场都很小，而防治规模又如此之大——大多使用飞机作业——这种建议是否得到采纳或者可行都十分可疑。即使从药物残留的持久性来看，建议的隔离时间也远远不够。

虽然食品和药物管理局对牛奶中出现农药残留十分不满，但它们的权力很有限。在防治计划内的大部分州，乳制品行业规模都很小，它们的产品一般都会在州内销售。因此，保护牛奶供应不受联邦喷药计划的影响就成为州政府的责任了。1959年，对亚拉巴马州、路易斯安那州以及得克萨斯州的卫生官员或有关人员所做的调查表明，他们并没有进行任何检测，因此牛奶是否受到污染也不得而知。

与此同时，在灭蚁计划推行后，针对七氯的特性人们进行了一些研究。或者更确切地说，是有人查阅了之前的研究。其实，促使联邦政府亡羊补牢的事实早在几年前便发现了，原本是可以影响最初的防控计划的。那就是七氯在动植物组织或土壤中滞留一段时间后，会转变为另一种毒性更强的物质——环氧七氯。环氧化合物一般被认为是风化作用产生的"氧化物"。自1952年起，人们就知道这种转化的可能，当时食品和药物管理局发现，喂食雌鼠浓度为百万分之三十的七氯两周后，其体内会产生百万分之一百六十五的环氧七氯。

1959年，这些真相终于从生物学阴暗的角落里走向了大众。当时，食品和药物管理局果断采取了禁止任何食品含有七氯或其氧化物残留的措施。这一法令至少暂时阻止了喷药计划。虽然农业部要求继续为灭蚁计划拨款，但是地方农业顾问不再建议农民使用杀虫剂，否则的话，他们的农作物可能无法出售。

简单地说，农业部根本没有对所使用的农药做基本的调查就力推喷药计划，或者即使调查了也有意忽视调查结果。他们也没有提前做研究来确定最小剂量。大剂量喷药三年后，他们突然在1959年把七氯的剂量从每四千平方米零点九千克降至零点六千克；之后又降到每四千平方米零点二千克；在间隔三到六个月的两次喷药中均降到了每四千平方米零点一千克。农业部的一名官员解释说，"一项积极的改进计划"显示小剂量使用是有效的。如果在喷药之前就获悉这样的信息，就可以避免大量不必要的损失，也可以节省纳税人的大笔资金。

可能是为了平息越来越多的不满，从1959年开始，农业部为得克萨斯农场主免费提供药剂，但是他们要签一份声明，如果造成损失，不会追究联邦、州和当地政府的责任。同一年，亚拉巴马州政府为化学药品带来的损失深感震惊和愤怒，决定不再为这项计划拨款。一名当地官员将整个计划描述为"愚蠢、草率、拙劣的行动，而且这种恣意妄为是对其他公共和个人权利的公然践踏"。虽然失去了州政府的财政支持，联邦资金仍源源不断地流入亚拉巴马州——1961年，立法机构又被说服，拨了一小笔资金。与此同时，路易斯安那州的农民不愿意再接受喷药计划了，因为灭蚁药剂引发了危害甘蔗的昆虫大量繁殖。更关键的是，喷药计划没有任何效果。1962年春天，路易斯安那州立大学农业实验室中心昆虫研究室纽森博士对这种惨淡场景做了简要概括："州和联邦机构联合展开的'铲除'火蚁计划是一次彻底的失败。现在，路易斯安那州的虫害面积反而比计划之前扩大了。"

一种更理智、更稳妥的趋势似乎已经开始。佛罗里达州政府报告说："如今佛罗里达州的火蚁比计划开始前还要多。"因而，他们宣布放弃防治计划，转而采取小范围控制措施。

廉价有效的局部控制方法多年来早已为人们所熟知。火蚁有堆土筑巢的习惯，这使得单个巢穴处理起来特别容易。用这种方法处理每四千平方米土地仅需一美元。密西西比农业实验室中心研制出一种耕田机，它可以先推平巢穴，然后往里面直接注入杀虫剂，它为蚁堆较多、需要机械作业的地区提供了便利。这种方法可以实现百分之九十到百分之九十五的控制率，每四千平方米的成本仅是二十三美分。相比之下，农业部大规模的防治计划每四千平方米的成本是三美元五十美分——费用最高、损失最大，其效果还奇差无比。

# 第十一章
DISHIYIZHANG

# 超乎想象的后果<sup>[精读]</sup>

在现实中，没人能避免与不断扩散的化学污染接触，甚至在使用致命物质而不自知。因此，我们要知道我们在接触怎样的化学药品，我们应该怎样对待化学药品。这一章用足够多的事例提醒我们注意不要被化学污染伤害，当然也不要制造化学污染，因为化学污染有着不可想象的后果。

◎ 写作分析

[1]这的确是令人担忧的问题，更让人担忧的是人类对药剂"视而不见"。用比喻的修辞手法阐释了化学药品与人类生死的关系，令人警醒。

◎ 写作分析

[2]毒素是会不断积累的，我们要在生活中小心、注意。化学污染无处不在，且呈现隐形状态，不易被察觉。作者进一步详细阐释，是要读者引起注意。

地球的污染不仅仅是大规模的喷药问题。事实上，对大多数人而言，日复一日、年复一年，与无数小剂量药剂的直接接触更令人担忧。就像水滴石穿一样，人从生到死的过程中持续与化学药品接触将导致灾难性的后果。[1]反复接触化学药剂，即使很少量，也会使化学毒素在我们体内逐渐积累，导致慢性中毒。没人能避免与不断扩散的化学污染接触，除非他生活在与世隔绝的地方。普通市民受了商家的引导和鼓惑，觉察不到身边的致命物质：实际上，他们可能不知道自己正在使用这些材料。[2]

毒药时代已经彻底到来，任何人进入一家商店，随便挑选的东西所具有的毒性都比药店的药品强，只不过在药店还需要在"登记表"上签字。在任何一家超市调查几分钟，足以令最勇敢的顾客胆寒——只要他具备一些所选化学药品的基本知识。

如果杀虫剂上方挂一个骷髅图案，顾客进入商店的时候就会小心一点。但是，我们所见到的画面是令人舒适愉快的，一排排杀虫剂整齐地摆放在货架上，在过道另一侧的货架上就放着腌菜和橄榄，附近还摆放着洗澡和洗衣服用的肥皂。[1]盛放化学药剂的玻璃容器很容易被小孩够到。如果孩子或者大人不小心碰到容器而使其摔到地上，里面的农药可能溅到附近人的身上引起中毒，就跟喷药作业人员一样会发生抽搐甚至死亡。当然，这些危险会随着顾客进入他们的家里。比如，一小罐防蛀材料上会用极小的字体来印刷警告，说明本产品高压填装，加热或遇到明火可能会引起爆炸。有一种普通的家用杀虫剂（包括各种厨房用途在内）叫作氯丹。然而，食品和药物管理局的首席药物学家宣布，在喷洒了氯丹的屋子里居住是"非常危险的"。而其他一些家用化学制剂中含有毒性更强的狄氏剂。[2]

厨房中化学制剂的使用很吸引人，也很方便。厨房搁板纸有白色的，也有其他颜色可供挑选。这种纸可能已经用杀虫剂浸染过了，而且正反面都染过。生产厂家会为我们提供一个自助手册，以指导我们如何灭虫。我们可以轻而易举地把狄氏剂喷到够不着的柜橱、房间和脚板的角落和缝隙中去。

如果我们被蚊子、沙螨或其他害虫困扰，可以选择各种乳液、护肤霜和喷剂，洒在衣服上或者涂在身上。尽管我们已经获知这些物质可以溶于清漆、油漆和混合纤维中的警告，我们很可能会想当然地认为人类皮肤就像铜墙铁壁，是无法渗透的。为了让我们更加方便灭虫，纽约一家专营店推出了一种袖珍喷雾器，可以放在钱包、沙滩盒、高尔夫球具和渔具里。

◎ **阅读理解**

[1]有形的、明显的杀虫剂不可怕，因为人有辨别意识，那些无形的、不明显的、带有诱惑性的含毒的东西才可怕，因为人们无法辨别它，不但无法辨别，还往往离不开它，喜爱它，那就更危险了。

◎ **阅读理解**

[2]说明普通家庭因存有化学药剂而潜藏危险。在家庭中也会有化学污染，要保持警惕。

121

◎ 写作分析

[1]举例说明人们在使用着有毒物品，但并没有察觉。这是生产、销售厂家为消费者制造的"烟幕弹"。

◎ 阅读理解

[2]以下阐述园艺和化学药品的关系。说明毒素在各个行业中的渗透力不断扩大。

我们可以在地板上涂上一种蜡，保证可以杀死所有路过的昆虫。我们还可以在柜橱和衣服袋里挂上浸过林丹的布条，或者把布条放进抽屉里，半年之内不会有蛀虫。而广告里没有提到林丹是一种危险的化学品。一种林丹电子喷雾剂也没有说明它的毒性——仅仅说这种设备安全、无异味。[1]实际上，美国医学会认为林丹加湿器是一种危险设备，并在他们的刊物上发起了抗议。

农业部在一份家居与园艺刊物上建议人们使用DDT、狄氏剂、氯丹或其他杀虫剂处理衣物。农业部声称，如果喷洒过度，在衣物上留下白色杀虫剂沉淀的话，可以用刷子刷掉它，却没有告诉我们应该在什么地方刷和怎样刷。做完所有的事，我们还是以杀虫剂结束一天的生活，因为我们盖的毛毯也用狄氏剂浸染过的。

现在，园艺也与超级毒药密不可分了。[2]在每个五金店、园艺用品店和超市都有成排的杀虫剂出售，可满足各种园艺之需。还没有充分利用这些药物的人们好像有点玩忽职守了，因为所有报纸的园艺版面和大部分园艺杂志都认为使用这些药剂是理所当然的。

快速致死的有机磷杀虫剂也被广泛应用于草坪和观赏植物。1960年，佛罗里达健康委员会认为，禁止没有获得许可、未达要求的任何人在住宅区使用杀虫剂是必要的。在发布禁令之前，佛罗里达州已经出现了一些对硫磷中毒致死的案例了。

然而，没有人提醒园艺工人和房主，他们正在使用极其危险的化学药品。相反，市面上接二连三地出现了很多新设备，使得在草坪和花园里喷洒药剂更便捷，同时也增加了园艺工人跟化学药品接触的概率。比如，人们可以在塑料软管上外加一个罐装设备，像氯丹或狄氏剂等危险化学药品就可以像洒水一样喷到草坪上。这样的设备不仅会危害拿着管子的人，还会危及别人。《纽约时报》认为有必要在其园艺版面上刊登一则注意事项，以提醒人们使用保护装置，否则毒素会因为反虹吸作用进入供水系统。鉴于喷药设备的广泛使用，而相应的警示又是如此匮乏，我们还会对公共水源的污染感到不解吗？[1]

为了了解园艺工人身上会发生什么事情，我们来看一下一个医生——一个热情的业余园艺师的例子。起初，他在自家的灌木和草坪上使用DDT，后来使用了马拉硫磷，而且每周都要喷药。有时候，他会手持喷壶，有时候他会在塑料管上加上一个设备。他的皮肤和衣服上总是沾满药剂，弄得浑身湿漉漉的。就这样，大约一年后，他突然病倒住院了。医生检查了他的脂肪活体样本后，发现了浓度为百万分之二十三的DDT残留。他的神经严重受损，主治医生说可能是永久性的伤害。随着时间的推移，他变得瘦骨嶙峋、疲惫不堪、肌肉无力，这就是马拉硫磷中毒的典型症状。由于这些持续性的严重症状，他已经不能给别人看病了。[2]

除了曾经安全的花园塑料管外，割草机也安装了喷药设备，当房主割草的时候，这种设备就会喷出一阵阵烟雾。所以，除了具有潜在危险的燃油尾气之外，空气中又增添了分布均匀的杀虫剂颗粒。郊区居民放心大胆地使用这种割草机，大大加重了他们脚下的污染，这几乎超过了任何一座城市污染的程度。

然而，没有人提出园艺或居家使用杀虫剂的危害——标签上的字体小到难以辨认，很少有人去看，或者照做。最近，一家公司做了一些调查，希望确认一下有多少人会看说明。调查结果显示，使用杀虫剂喷雾或者喷剂的每一百人里，不超过十五个人会看包装上的说明。

◎ 阅读理解

[1]很简单的道理，化学药品也属于商品，商品以盈利为目的。为了扩大销量、牟取利益，生产者和销售者必然不会放大说明化学药品的处理和危害情况，那样销量必然减少，使利益受损。说明书呈现欢乐的场面，尤其是一家人在一起的场景，会激发消费者的购买欲望，激发儿童的兴趣。我们应仔细擦亮眼睛，这不过是一颗美化了的"温柔的炮弹"，是含有毒性的外表美丽的假象，是假的，不要以假为真、以丑为美。

◎ 写作分析

[2]1942年以前，DDT未出现，人类、食物、动物的体内脂肪里也就没有DDT。DDT出现后，人类、食物、动物的体内脂肪里才有了DDT。DDT的传播范围之广、速度之快令人防不胜防，人类发明DDT对付别的生物，结果也损害了自身的健康。

现在的郊区居民有一种习惯，就是要不惜一切代价铲除马唐草。旨在消灭这种讨厌植物的袋装化学药品几乎成了一种地位的象征。单从各种除草剂的品牌名称上根本看不出它们的种类和特性。要想知道它们的成分，你必须在犄角旮旯里仔细寻找小号字体。五金店或园艺用品店里的产品说明书很少涉及这些化学药品处理和使用过程中的危害。相反，这类产品典型的说明书呈现的是一个欢乐的场面，爸爸和儿子笑着准备给草坪喷药，孩子和小狗在草地上欢快地打滚儿。[1]

食品中的化学残留是一个热点问题。药物残留问题要么被生产厂家轻描淡写地蒙混过关，要么就遭到断然否认。同时，有一种强烈的倾向，给那些"无理取闹"的要求食物不准使用杀虫剂的人们，扣上"激进分子"或者"邪教暴徒"的帽子。在这些争论的迷雾中，真相到底是怎样的呢？

医学已经证实，在DDT出现之前（1942年），出生或者死亡的人体内，是不含DDT及其类似药剂的。正如第三章所提到的，1954年到1956年提取的人类脂肪样品中含有浓度为百万分之五点三到百万分之七点四的DDT。已有证据表明，DDT残留的平均水平已经稳步上升到了新的数值，而那些因职业或者其他特殊因素较多接触杀虫剂的人群体内残留的DDT浓度更高。

没有直接接触杀虫剂的人们体内脂肪中的DDT可能来自食物。为了验证这个假设，美国公共卫生署的一个科学工作组对饭店和食堂的食物进行了调查，结果显示每种食品都含有DDT。由此，调查者有充足的理由相信，"几乎没有完全不含DDT的食物"。[2]

在这些饭菜中，DDT的含量可能很高。在公共卫生署的一项独立研究中，对监狱饭菜的分析说明，像炖干果这类饭菜中的DDT浓度为百万分之六十九点六，面包里的DDT浓度为百万分之一百点九！在普通家庭的饮食中，肉类和动物脂肪制品中氯化烃的含量最高。因为这些化学毒素可溶于脂肪。水果和蔬菜的化学药剂残留相对较少。如果有残留的话，是无法洗掉的，唯一的办法就是剥去生菜、卷心菜这类蔬菜的外层叶子，并扔掉；要是水果的话，就要削去外皮，果皮和外壳也要丢掉。烹调是不能破坏或分解药物残留的。[1]

食品和药物管理局规定牛奶等几种食品中禁止含有杀虫剂残留。但实际上，只要检验必定会发现残留。黄油和其他奶制品中的残留量最高。1960年，检测人员对四百六十一种这类产品进行检测后发现，三分之一的产品都有药物残留。对此，食品和药物管理局表示情况"很不乐观"。

如果想要找到不含DDT及其相关化学药品的食物，就必须去一个遥远偏僻、简单原始、尚无发达设施的地方。这种地方虽然极少，但还是有的，比如阿拉斯加的北极沿海地带——即使在这里，也能发现化学污染正悄悄逼近。科学家发现，当地因纽特人的本地食物中不含杀虫剂。鲜鱼、干鱼、脂肪、油脂、海狸肉、白鲸、驯鹿、海豹、北极熊、海象、越橘、树莓、野大黄等，一切都没有受到化学污染。唯一例外的是，来自波音特霍普的两只仓鸮体内含有少量的DDT，可能是它们在迁徙的过程中摄入的。

对一些因纽特人身体脂肪取样检查后，也发现了少量的DDT残留（零到百万分之一点九之间）。原因很明显，脂肪样品取自那些离开居住地前往安克雷奇市美国公共卫生署医院做手术的人们。在那里，到处充斥着现代文明的生活方式，医院食物中含有的DDT浓度与人口稠密的城市不相上下。这些毒素仅是对他们短暂停留的"犒赏"而已。[2]

我们吃的每顿饭都有一定量的氯化烃,这是不可避免的,因为对农作物铺天盖地地喷药和撒药粉必然会导致这样的结果。[1]假如农民严格按照用药说明来使用的话,药物残留一般不会超出规定范围,暂且不论残留标准安全与否,很明显的是,农民的用药量经常会超出规定很多,他们还会在临近收获的时候喷药,在只喷洒一种药剂就可以的情况下,他们会使用多种药剂,而且他们常常连用药说明也懒得看一下。[2]

就连那些化工企业也发现了杀虫剂经常误用的情况,他们认为有必要对农民进行培训。业内一个主要刊物近来就宣布:"很多用户不知道,如果超量用药,农药会超过他们的承受极限。农户们'心血来潮'的结果就是随意地把杀虫剂喷洒在农作物上。"

食品和药物管理局的档案里有很多类似的例子。一些案例能形象地描绘出农民对使用说明的漠视:生菜就要收获的时候,一名农民在地里使用了八种不同的杀虫剂;一名运货商在一批芹菜上使用了五倍于建议最大剂量的对硫磷;尽管药物残留被严格限制,但是种植户仍在生菜上使用了异狄氏剂(毒性最强的氯化烃);菠菜成熟前一周又被喷洒了DDT。[3]

也有一些污染是偶然和意外引起的。[4]例如,一艘轮船上用麻袋装着的绿咖啡被污染了,原因是这条船上还装有一批杀虫剂。仓库里密封好的食品可能受到DDT、林丹以及其他杀虫剂的污染,因为杀虫剂悬浮颗粒会穿透包装材料,大量侵入包装食品。食品储藏时间越久,受污染的可能性就越大。

有人会问:"难道政府不会保护我们免受其害吗?"答案是:"除非万不得已。"[5]食品和药物管理局在保护

126

人民安全方面受到两个因素的限制。第一个是，该局只对州际交易的食品拥有管辖权；州内生产和销售的食品不在其管辖范围，因而它对于此类违法行为有心无力。第二个关键的因素是，该局的监察人员太少，只有不到六百人。据食品和药物管理局的一名官员说，在现有设备下，只有很小一部分（不到百分之一）的州际农产品贸易能够得到检查，但这在统计学上没有任何意义。至于州内食品的生产和销售，状况就更加糟糕了，因为大部分州在这方面的法律残缺不全。[1]

食品和药物管理局制定的污染管理体系具有明显的缺陷，因为它设置的最大"允许"限度就有问题。在当前条件下，它只是一纸空文，并造成一种假象——安全限度已经确立并得到有效执行。至于允许食品中含有少量的药物残留——这里一点，那里一点——引起了很多人的反对，因为他们有充足的理由相信，毒素就没有安全的，人们更不需要毒素。为了设定一个最大限度，食品和药物管理局会查阅动物的药物试验，进而确立一个污染最大值，这一数值要远低于实验动物发病的剂量。这一系统看似能够保证安全，实则忽略了很多重要的因素。动物实验是在人为控制下摄入一定量化学药品的，而人类与化学药品的接触则是重复的，并且大部分情况是未知的、无法测量的，也是不可控的。即使宴会上的沙拉生菜含有百万分之七的DDT是安全的，这顿饭还包括其他食物，每一种都带有一点残留；而且，如我们所知，食物中的杀虫剂只是人类接触到的化学药品的一小部分，从各种渠道获取的化学物质叠加在一起，人的接触总量是无法估算的。因此，单独讨论某种药物残留的"安全性"没有任何意义。[2]

另外还存在一些问题。有时候，最大限度是在背离食

◎ 阅读理解

[1]此段从两方面说明了州内生产和销售的食品的情况糟糕：一是食品和药物管理局的管辖范围不涉及州内生产和销售的食品，且监察人员太少；二是州内在这方面的法律残缺不全，不能有效管治州内食品的生产和销售。因此，州内食品的质量就很难得到保证，从而威胁人们的身体健康。

◎ 阅读理解

[2]从毒素来源来说，范围广、来源多，因此涉及的问题就比较大而复杂。仅仅限制食物中的毒素意义不大，且有很多不确定因素。要想清理毒素，人类必须从宏观、微观出发，全面地把控、清理。

品和药物管理局科学家的正确判断下制定的（后文会提到相关案例），或是在缺乏对某种化学药品认识的情况下确定的。之后由于得到了更准确的信息，会减小限值或者将其撤销，但此时，公众已经被迫接触危险剂量的化学药品几个月或者几年了。之前就有一个七氯限值被取消了。有些化学药品甚至没有进行野外实验，就开始登记使用了。所以，检查人员很难发现它们的残留。这一问题严重阻碍了"越橘药剂"氨基三唑的检测。用来处理种子的杀菌剂也缺少分析方法——如果这些种子在播种期间用不完的话，很可能会摆上人们的餐桌。[1]

实际上，确立限值就意味着允许公共食品使用有毒化学药品来降低农民和加工企业的生产成本；而消费者只好照章纳税，养活监察机构来保证自己不会中毒而死。但是鉴于目前农药的施用量和毒性，要使监察工作做到位需要投入大量的资金，任何议员都不敢拨付如此巨额的款项。最后，不幸的消费者虽然缴纳了税费，但是面对的毒药丝毫不减。

有解决的办法吗？首先要做的，就是废除氯化烃、有机磷以及其他强毒性化学药品的最大限值。[2]但是会有人立即跳出来反对，说这会加重农民的负担。如果能把各种水果和蔬菜上的DDT残留成功地控制在百万分之七以下，把对硫磷残留控制在百万分之一以内，或者把狄氏剂残留控制在百万分之零点一以内，为什么不再加把劲儿完全消除残留呢？实际上，某些农作物本就不允许出现一些化学药品的残留，如七氯、异狄氏剂、狄氏剂等。如果这些能够实现的话，为什么不扩展至所有的农作物呢？[3]

但是这还不是完整的或最终的解决方案，因为纸面上的零容忍没有任何意义。目前，正如我们所知，超过百分之九十九的州际食品运输可以避开检查。所以，我们迫切期待食品和药物管理局提高警惕、积极进取，并扩充检查队伍。

故意给我们的食物下毒，然后进行监管的这个社会体系，不由得使人想起了刘易斯·卡罗尔的"白衣骑士"，他"盘算着把自个的胡须染绿，再用把大扇子把它们遮住"。我们得到的最终答案就是尽量少使用有毒化学药品，以减少误用导致的公共威胁。[1]现在，这些安全的物质已经存在了，如除虫菊素、鱼藤酮、鱼尼丁以及其他取自植物的化学物质。最近，已经研制出了除虫菊素的人工合成替代品。只要有需要，一些国家已经准备好提高这种天然产品的产量了。

而我们也迫切需要商家在销售时向公众讲授化学药品的特性。[2]因为一般消费者会被各种杀虫剂、杀菌剂和除草剂弄得晕头转向，不知道哪种是致命的，哪种是相对安全的。

除了利用危险性更小的农药外，我们还应努力探索非化学方法的可能性。[3]目前，加利福尼亚州正在尝试一种新方法，利用某种昆虫的特定细菌引其发病，用于农业虫害防治。这种方法的广泛实验正在进行之中。除此之外，还有很多有效的防治方法不会在食物中留下毒素（第十七章）。在这些方法得到广泛关注之前，我们依然"压力山大"。照目前的形势来看，我们的处境危机重重，比波吉亚家的客人强不到哪儿去。

◎ **阅读理解**
[1]解决问题的方法二——尽量少使用有毒化学药品。

◎ **阅读理解**
[2]解决问题的方法三——商家在销售时向公众讲授化学药品的特性。

◎ **阅读理解**
[3]解决问题的方法四——采用非化学方法。

# 美文赏析

　　这一章描写了使用化学药品所带来的超乎想象的后果，写得极为缜密、深入，涉及生活的每个角落，如商店中的商品、厨房中使用的化学制剂、各种乳液、护肤霜和喷剂、在地板上涂的一种蜡、柜橱和衣服袋里挂的浸过林丹的布条等，让读者意识到化学污染无处不在。而且文章不仅揭示了药品的危害，还详细说明了怎样防止危害的发生，帮助读者解决了怎么办的问题。

## 回顾训练

　　1. 填关联词语。

　　人们可以在塑料软管上外加一个罐装设备，像氯丹或狄氏剂等危险化学药品就可以像洒水一样喷到草坪上。这样的设备＿＿＿＿会危害拿着管子的人，＿＿＿＿会危及别人。《纽约时报》认为有必要在其园艺版面上刊登一则注意事项，以提醒人们使用保护装置，＿＿＿＿毒素会因为反虹吸作用进入供水系统。

　　2. 指出下面句子使用的说明方法。

　　（1）毒药时代已经彻底到来，任何人进入一家商店，随便挑选的东西所具有的毒性都比药店的药品强，只不过在药店还需要在"登记表"上签字。

（　　　　　）

　　（2）当然，这些危险会随着顾客进入他们的家里。比如，一小罐防蛀材料上会用极小的字体来印刷警告，说明本产品高压填装，加热或遇到明火可能会引起爆炸。

（　　　　　）

　　（3）第二个关键的因素是，该局的监察人员太少，只有不到六百人。据食品和药物管理局的一名官员说，在现有设备下，只有很小一部分（不到百分之一）的州际农产品贸易能够得到检查，但这在统计学上没有任何意义。

（　　　　　）

　　3. 试举三个例子说明化学药品给人们带来的超乎想象的后果。

# 人类的代价

随着生活方式的现代化，化学药品大规模出现，给人们带来了健康问题。不过化学药品的危害不都是马上显现出来的，往往是长时间积累的，在某个诱因下积累到一定程度就爆发出来，给人们带来痛苦甚至死亡。因为毒素蓄积的后果更隐蔽，不会引起人们的重视，所以人们会付出更大的代价，而且这个代价有时并不是人们所能承受的。

工业时代产生的化学药品异军突起，狂潮般地吞噬着我们的环境，而严重的公共健康问题的本质也发生着巨大变化。就在昨天，人类还在为天花、霍乱和鼠疫的肆虐而惊恐不已，如今，我们主要关心的不再是这些无处不在的细菌病毒了；卫生、更好的生活条件以及新型药物完全可以把它们置于我们的掌控之下了。今天，我们担心的是隐藏在环境中的另一种危害——它是随着我们生活方式的现代化而被人类引入这个世界的。

新环境下的健康问题可谓纷繁复杂：有辐射引起的；也有包括杀虫剂在内的化学药品无尽大潮所引发的问题，这些化学药品已经遍及我们生活的世界了，它们或直接或间接地、单个或集体地毒害我们。化学药品的出现给我们投下了一个不祥的阴影，因为它们无影无形、十分隐蔽，它们足以令人不寒而栗，而我们一生却都将暴露于这些化学物质和其物理媒介之中，这些有毒物质本就不属于我们的生理过程，由它们所产生的后果不堪设想。

美国公共卫生署的大卫·普莱斯博士说："我们一直生活在恐惧之中，担心什么事物会毁灭我们的环境，使我们遭受恐龙一样的厄运。更让人担忧的是，可能在症状出现二十多年以前，我们的命运就已经被判决了。"

在环境性疾病的画面中，杀虫剂置身何处呢？我们已经看到化学药品污染了土壤、水和食物，它们的威力足以杀死河里的鱼儿，并让花园和森林中的鸟儿消失。尽管人类喜欢装作与自然毫不相干，但人类确实是自然的一部分。如今，污染遍及全球，人类能置身其外吗？

我们知道，如果剂量足够大，即使只接触一次也可能会导致急性中毒。但这还不是主要问题，农民、喷药人员、飞行员以及其他大量接触杀虫剂的人们突然生病或死亡都是本不该发生的悲剧；对于全体人类而言，杀虫剂正悄悄污染环境，人类少量吸收后的延迟效应，才应该是我们关注的重点。

一些认真负责的公共卫生官员指出，化学药品的生物效应是长时间积累的，对个人的伤害取决于他一生的接触量。正是因为如此，它的危险很容易被人忽视。对于未来的灾难尚不明朗，人类会本能地耸耸肩，表示这无关紧要。一位明智的医师雷内·杜博思博士说："人类本能地只重视有明显症状的疾病，但是一些最危险的敌人会悄悄地逼近我们。"

就像密歇根州的旅鸫或米拉米奇河中的鲑鱼一样，对于我们每个人来说，这是一个相互关联、彼此依赖的生态问题。我们消灭了河流附近的石蛾，也毒死了河中的鲑鱼；我们杀死了湖中的虫子，但是毒素会通过食物链传递，最后毒死了湖边的鸟儿；我们在榆树上喷了药，第二年春天就听不到旅鸫的歌声了，不是因为我们直接把药物喷向旅鸫，而是毒素沿着树叶—蚯蚓—旅鸫的循环一步步传递。这些事件都有案可查，它们就发生在我们的眼皮子底下。它们展示了一张大网——死亡之网——科学家称之为生态。

我们的体内也存在一个生态世界。在这个看不见的世界里，极小的诱因也会导致严重的后果，更糟糕的是，病症却看似与诱因无关，因为它会出现在远离受伤的部位。近来一份医学研究报告总结道："某个部位的变化，甚至一个分子的变化，可能会影响整个系统，并引起不相关的器官或组织发生病变。"如果我们关注一下人体神奇的功能，就会发现因果关系并不那么简单，也不容易证明。它们可能会在时空上相距很远。想要找出造成疾病与死亡的原因，需要人们将很多个别的事实拼接起来才能发现，而这些结果是需要从各个领域进行大量研究才能得出的。

我们习惯于寻找明显而直接的影响，而忽略其他。除非出现明显的症状，否则我们不会承认存在危险。即使是研究人员也缺乏检测损害源头的方法。如果没有症状，我们就没办法检测出损伤，这也是医学界尚未解决的一大问题。

有人会反驳："但是我也经常在草坪上喷洒狄氏剂，我却没有出现像世界卫生组织喷药人员那样的抽搐症状——所以，我没受到伤害。"事情并非如此简单。尽管没有突发剧烈的症状，但是只要是接触过狄氏剂的人，其体内还是积蓄有毒素。如我们所知，氯化烃残留都是从最小的摄入量开始慢慢积累的。毒素会储存在人的脂肪中，人一旦消耗这些脂肪，毒素可能会迅速出击。新西兰的一家医学杂志最近提供了一个例子。一个正在进行肥胖治疗的人突然出现了中毒症状。检查发现，他的脂肪里含有狄氏剂，在他减肥的过程中，这些毒素被代谢了。还有因疾病而变瘦的人也存在同样的风险。

另外，毒素蓄积的后果可能会更加隐蔽。几年前，美国医学会的期刊对脂肪组织中杀虫剂的危害发出了警告，并指出，与可以代谢的物质相比，蓄积性的药物和化学药品更需要谨慎对待。我们接到警告，脂肪组织不仅仅储存脂肪（约占体重的百分之十八），还具有重要的功能，而蓄积的毒素会干扰这些功能。此外，脂肪也广泛分布于人体的各个器官和组织甚至是细胞膜的组成部分。因此，认识到这一点很重要，杀虫剂在细胞中积累，干扰氧化过程和能量供应机制。这个问题将在下一章详细叙述。

关于氯化烃杀虫剂最重要的一点就是它们对肝脏的影响。在人体的所有器官中，肝脏是最特别的。肝脏功能的多样性和必要性无可替代，很多重要的机体活动都是由肝脏控制的，因而即使肝脏受到极小的损害，也会引起严重的后果。肝脏不仅为消化脂肪提供胆汁，而且由于所处位置和各种管道的汇聚，肝脏能够直接得到来自消化道的血液，并深度参与所有食物的新陈代谢。它以肝糖的形式储存糖分，并精确地释放出葡萄糖，并保证人体血糖处于正常水平。它还会合成蛋白质，包括一些凝血血浆的一些重要成分，它使血浆中的胆固醇保持在合理的范围内，当雄性激素和雌性激素超过正常水平时，会使它们钝化。它储存着很多维生素，其中一些会维持肝脏的正常工作。

失去了正常的肝脏，人体就会缴械——因为无法抵抗各种入侵的毒素。其中一些是新陈代谢的副产品，肝脏可以通过去氮作用快速有效地处理。但是肝脏还可以把外来物质的毒素化解。"无害的"杀虫剂马拉硫磷和甲氧氯毒性相对较小，就是因为肝脏里的一种酶将它们的分子转化了，从而削弱了它们的毒性。我们接触的大部分有毒物质都会被肝脏以同样的方式处理掉。

但是现在，我们的各种毒素防线已经被削弱，并逐渐走向崩溃。损伤的肝脏不仅不能保护我们免受毒素的侵扰，而且其大部分功能还会发生紊乱。这时，产生的后果不仅影响深远，而且由于它的形式变化多端、间隔期长，人们很难追溯到真正的原因。

损伤肝脏的杀虫剂被广泛使用，因此有必要注意自20世纪50年代以来肝炎患者的数量急剧增加的现象。据说肝硬化患者也在不断增加。与实验动物相比，在人类身上证明A是病症B的原因是比较困难的，但是常识告诉我们，肝脏疾病的猛增与杀虫剂的盛行不无关系。且不管氯化烃类产品是否是主要原因，把自己暴露在损伤肝脏并可能削弱其抵抗力的药物之下，显然是不明智的。

尽管方式不同，两种主要的杀虫剂氯化烃和有机磷都可以直接影响神经系统。这一点已经被大量的动物实验和人体观察所证实。广泛使用的首批新型有机杀虫剂DDT主要影响人类的神经系统：小脑和高级运动皮质层受到主要影响。据一本毒理学标准教材记载，接触大量的DDT后会产生刺痛、灼烧、瘙痒、颤抖甚至抽搐等症状。

我们对DDT急性中毒症状的首次认识来源于几名英国研究人员。为了研究DDT的中毒症状，他们故意接触了DDT。英国皇家海军生理实验室两位科学家通过直接接触墙面上的水溶性油漆使皮肤吸收了DDT，油漆中含有百分之二的DDT，并在上面覆盖了一层油膜。在他们对症状的详尽描述中，毒素对神经系统的直接作用一览无余："真切地感觉到疲劳、沉重、四肢疼痛，精神极度痛苦……烦躁不堪……什么也不想干，大脑连最简单的事也无法处理。关节还会不时地剧烈疼痛。"

另一名英国实验者把含有DDT的丙酮溶液涂在了自己的皮肤上。他的实验报告中说，感到四肢疼痛、肌肉无力，还出现了神经紧张性痉挛。他休息了一天，情况有所好转，但复工后又恶化了。然后，他不得不在床上躺了三周，感到四肢疼痛、失眠、神经紧张、极度焦虑。有时候，他浑身颤抖——与鸟类DDT中毒的症状一样。这位实验员整整十个星期没能工作，年底他的实验被一家医学杂志报道时，他还没有完全康复（尽管证据确凿，几名美国研究人员还是把参加DDT实验志愿者的头疼和"每个骨头都疼"的症状归结为"精神神经症"）。

如今，有案可寻的多起案例的症状和中毒过程都指向了致病元凶——杀虫剂。通常，这些患者都是明确接触过某种杀虫剂，经过治疗包括杜绝与生活环境中的任何杀虫剂接触，症状才有所缓解，但只要再次接触类似的化学药品，病情还会复发。这些证据可以作为其他病症药物治疗的依据。

这些事例足以警示我们，冒着"预期风险"把我们的环境浸泡在杀虫剂中是多么愚蠢。为什么处理和使用杀虫剂的人们没有表现出同样的症状呢？这就要看个人的敏感性了。有证据显示，女人比男人敏感，孩子比大人敏感，久坐室内的人比户外工作或经常锻炼的人敏感。除此之外，还有一些无法解释、难以察觉的区别。一个人对粉尘或者花粉过敏，对某种药物过敏，或者容易受一种传染病影响，而其他人却不会这样，这种现象目前还没有得到合理的解释。但这个现象是真实存在的，而且影响了很多人。一些医生估计，有三分之一或者更多病人出现过过敏的症状，而且数量还在增加。事实上，一些医学人员认为，间歇性地接触化学药品可能会导致过敏。如果这是真的，那么就可以解释，为什么因工作持续接触化学药品的人很少出现中毒症状。由于频繁接触化学药品，这些人已经不再过敏，就像医生给过敏症病人反复注射变应原而使他产生抗过敏性一样。

人类不像严格控制下的实验室里的动物，面对的不仅仅是某一种药物，因此杀虫剂中毒问题就变得十分复杂了。在不同类别的杀虫剂之间，在杀虫剂和其他化学药品之间，都可能发生化学反应，从而造成严重的后果。无论是进入土壤、水还是人类的血液，这些不相关的化学药品不会保持相互隔离的状态；它们之间会发生神奇的、看不见的变化，一种化学药品会改变另一种的特性，产生新的毒害作用。

甚至一些通常情况下相互独立的两种杀虫剂也会发生反应。如果首先接触了氯化烃，使肝脏受到损害，有机磷（破坏保护神经的胆碱酯酶的元凶）的毒性会增强。这是因为肝脏功能受到影响，胆碱酯酶会低于正常水平。这就增强了有机磷的抑制作用，导致急性中毒。如我们所知，成对的有机磷相互作用，会使它们的毒性增强百倍。有机磷还可能与各种药物、合成材料、食品添加剂发生作用。而这个世界充斥着各种合成材料，除此之外，谁能告诉我们还有些什么呢？

一种本来无害的化学药品会因为另一种化学药品的作用而发生巨变，DDT的一个近亲甲氧氯就是很好的例子（实际上，甲氧氯并不像人们想象的那样安全，因为近来的动物实验证明它会直接影响子宫，并抑制脑垂体激素分泌。这就提醒我们，这些化学品是有极大生物效应的。其他研究显示，甲氧氯可能损害肾脏）。单纯与甲氧氯接触不会在体内大量积蓄，所以人们才会认为这是一种安全无害的化学药品。但这并不完全正确。如果肝脏受到了另一种化学物质损害，甲氧氯在体内的积蓄会增加百倍，进而就像DDT一样持久地影响神经系统。但是，造成这种后果的肝脏损伤极其细微，难以觉察。

很多常见的情况也会造成肝脏损伤：使用另一种杀虫剂，使用含有四氯化碳的清洁剂，或服用某种镇静药等。大部分（但不是所有）镇静剂是氯化烃类化学药品，有可能会伤害肝脏。

对神经系统的损伤并不局限于急性中毒，可能还会有后遗症。甲氧氯等化学药剂对大脑和神经系统的长期损害早就见诸报端了。除了急性中毒外，狄氏剂还会留下各种后遗症，比如健忘、失眠、梦魇、狂躁等。根据一些医学发现，林丹会在大脑和正常的肝脏组织中积蓄，诱发"对中枢神经系统的深远影响"。然而，这种六氯联苯的化学物质广泛应用于各种加湿器。这种装置会在家庭、办公室和餐馆喷出阵阵杀虫剂气雾。

通常认为有机磷杀虫剂只与急性中毒症状有关，但它也能对神经组织造成永久性损伤，而且最近研究发现，它还可能诱发精神疾病。这类杀虫剂已经造成了多例麻痹后遗症的出现。大约在1930年，美国禁酒期间，一件怪事预示着接踵（zhǒng）而至的麻烦。其诱因并不是杀虫剂，而是隶属于有机磷杀虫剂的一种化学物质。那时候，为了规避禁酒法令，人们不得不用一些药物取代烈酒。其中就有一种牙买加姜汁的替代品。但是，在美国，药用产品非常昂贵，于是私酒商就想了一个法子，用姜汁代替白酒。他们做得相当成功，假冒产品通过了化学检测，也骗过了政府部门的药剂师。为了让姜汁的味道更像酒，他们添加了一种叫作三元甲苯基磷的化学物质。这种药物跟对硫磷及其同类化学物质一样，能够破坏胆碱酯酶。私酒商的这些产品使一万五千人的腿部肌肉永久性重度萎缩而瘫痪，现在这种病症被称作"姜瘫"。伴随着瘫痪的还有神经鞘的损伤和脊髓前角细胞的退化。

正如我们所见到的，大约二十年后，有机磷杀虫剂开始涌现，而类似"姜瘫"的病例也接二连三地出现。其中一名患者是德国的温室工人，在使用对硫磷后，他出现了几次轻微的中毒症状，几个月后便瘫痪了。然后，有三个化工厂工人因为接触同类化学药品而出现了急性中毒。经过治疗，他们都恢复了健康，但是十天后，其中两人出现了腿部肌肉无力的症状。一个人的症状持续了十个月；而另一名女性化学家的病情更严重，她的双腿、双手以及胳膊都出现了麻痹症状。两年后，当一家医学杂志报道她的情况时，她仍然不能行走。

导致这些病例的杀虫剂已经从市场上撤回了，但是仍在使用的一些化学药品还可能会造成类似的伤害。实验证明，马拉硫磷（园艺工人的最爱）使鸡出现了肌肉无力的现象。（跟"姜瘫"一样）这也是由坐骨神经鞘和脊髓神经鞘受破坏引起的。

如果幸存下来，这些中毒症状可能仅仅是更严重后果的前奏而已。鉴于它们对神经系统的严重损害，这些杀虫剂不可避免地与精神病联系起来。最近，墨尔本大学和普林斯亨利医院的研究员揭示了这种联系，他们共报告了十六例精神病例。这些患者都曾经长期接触有机磷杀虫剂。其中有三人是检查喷药效果的化学家，八人在温室工作，其余五人是农场工人。他们的症状表现为记忆减退、精神分裂和抑郁反应等。之前，这些人都很正常，他们手中的化学药品却杀了个回马枪，将他们"放倒"了。

如我们所知，类似的病例在各种医学文献中随处可见，有的与氯化烃有关，有的与有机磷有关。暂时遏制昆虫的代价实在过于昂贵——头脑混乱、出现幻觉、记忆减退、狂躁不安，只要我们坚持使用这些直接攻击神经系统的化学药品，这种代价就会永远强加在我们身上。

## 第十三章

DISHISANZHANG

# 小窗之外

单个细胞产生的能量是维持生命不可或缺的。对于健康和生命来说，单个细胞的重要性超过了最重要的器官。人类用来对付昆虫、啮齿类动物、杂草的化学药品可能会攻击这些细胞，而这些细胞一旦受到影响，组织的生长和器官的发育就会受到干扰，甚至危及生命。现代条件下，如果频繁接触异常化学药品，人类基因就会存在突变的倾向。阅读这一章，可以引起我们对外界化学药品进入人体环境而产生影响的重视。

生物学家乔治·瓦尔德曾经把自己的一个研究专题——眼睛的视觉色素称作"一个狭小的窗户，从远处看，只能看到一丝亮光。你离它越近，你的视野就会越广阔，直到最后你贴近窗户之际，整个宇宙就会映入你的眼帘"。

的确如此，我们应该首先关注人体自身的细胞，然后关注细胞内的微小结构，最后聚焦结构内分子之间的重要作用——只有这样做，我们才能理解随意将外界化学药品引入人体环境而产生的深远影响。医学研究最近才开始关注单个细胞产生能量的功能，这些能量是维持生命不可或缺的。人体的能量产生机制是根本，不仅对于健康，而且对于生命也一样——它的重要性超过了最重要的器官，因为如果没有正常有效的产生能量的氧化过程，身体就失去了所有的功能。然而，用来对付昆虫、啮齿类动物、杂草的化学药品的特性却可能会直接攻击这套系统，干扰这种完美的机制。

生物学和生物化学引人注目的优秀成果之一，就是帮我们打开了认识细胞氧化的大门。做出贡献的研究者中有很多是诺贝尔奖的获得者。在前人研究的基础上，这项工作又一步步地走了二三十年的时间。即便就是这样，还有很多细节没有完成。而且，我们是在过去十年内才把各项零散的研究整合到一起的，使得生物氧化成了生物学家常识的一部分。更重要的是，1950年以前接受基本训练的医务人员并没有机会了解它的重要性和破坏这个过程的后果。

产生能量的重要工作并不是在哪个器官中完成的，而是在全身的细胞中进行的。一个活的细胞就像一团火焰，消耗燃料来为身体提供能量。这一类比诗意有余，但精确不足，因为细胞"燃烧"是在身体的正常温度下进行的。然而正是亿万个细细燃烧的小火苗启动了能量开关。"一旦它们停止燃烧，心脏就会停止，植物就不能抗拒重力向上生长，变形虫变得不会游泳，神经失去知觉，大脑中不会再有思想闪过"，化学家尤金·拉比诺维奇说。

细胞中物质转化成能量是一个连续不断的过程，就像一个永不停歇的蒸汽轮，是自然循环更新的过程。碳水化合物以葡萄糖的形式一粒又一粒、一个分子又一个分子地进入这个轮子；在循环过程中，燃料分子会发生断裂和一系列细微的化学变化。这些变化都是有序进行的，一步接一步，每一步都由一种酶指引和控制，各司其职。每一步产生能量的同时也会形成废物（二氧化碳和水），经转化的燃料分子会进入下一阶段。当这个轮子转完一圈后，燃料分子已经被分解得差不多了，并准备与新的分子结合，然后开始新一轮的循环。

细胞就像化工厂一样，它们的作用过程是生命世界的一个奇迹。工作车间都极其微小，更平添了几分神秘。因为除极少数几种外，细胞都很小，只有用显微镜才能看得到。但是，氧化过程是在一个更小的地方完成的，这个小颗粒就是细胞内的线粒体。虽然人们知道这种线粒体已经有六十多年了，但是过去它们都被当作未知的细胞元素，也不认为有什么重要作用。直到20世纪50年代，这一领域的研究才变得生机盎然、富有成果；它们突然变得引人瞩目了，五年内单单这一课题就发表了一千篇论文。

在解开线粒体谜团的过程中，人类表现出来的非凡创造力和耐心值得敬畏。想象一下，如此微小的颗粒，即使在显微镜下放大三百倍也看不到。试想一下，怎样的技术才能剥离这种颗粒，并将其拆分，然后分析其结构，最终确定它们极其复杂的功能呢？可喜的是，这一切都已经在电子显微镜和生物化学家的高超技术的帮助下实现了。

现在真相已经大白于天下了，线粒体就是一小包一小包的酶，它们是氧化过程所需的各种酶的混合体，它们精确有序地排列在线粒体的壁和隔膜上。线粒体就像一个个"动力室"，大多数产生能量的反应过程都在这里发生。氧化的初步环节在细胞质中完成后，燃料分子就进入了线粒体。氧化过程就是在这里完成的，巨大的能量也是从这里释放出来的。

如果不是为了如此重要的结果，线粒体中为了氧化作用而不停运转的轮子就失去了意义。氧化循环每一阶段产生的能量都包含在被生物化学家称为ATP（三磷腺苷）的物质中，这是一种包含三组磷酸盐的分子。ATP之所以能提供能量，是因为其可以将其中的一组磷酸盐转化为其他物质，在释放能量的过程中，大量电子来回穿梭，高速运动。就这样，在肌肉细胞中，当把末端收缩磷酸盐运送到肌肉时，就产生了收缩力量。另一个循环接着开始了，一环套一环：ATP分子失去一组磷酸盐，保留两组，生成二磷酸盐分子ADP。但是随着轮子继续转动，别的一组磷酸盐会补充进来，于是ATP得到恢复。就像我们使用的蓄电池一样：ATP是充满的电池，ADP是放空的电池。

从微生物到人类，ATP为所有生物提供能量。它为肌肉细胞提供机械能，也可以为神经细胞提供电能。除了这些，ATP还为精子细胞、即将变为青蛙或鸟或婴儿等剧烈变化中的卵细胞以及荷尔蒙的细胞提供能量。ATP的一部分能量会在线粒体中消耗，但是大部分能量会立即输送到细胞，为其活动提供能量。线粒体在细胞中的位置最有利于发挥它们的功能，因为在这个位置能保证将能量精确送至目的地。在肌肉细胞中，它们聚集在收缩纤维的周围；在神经细胞中，它们处于细胞间的结合点，为神经冲动提供能量；在精子细胞中，它们汇聚在推进尾与头部连接的地方。

氧化过程中的耦合就是充电过程，期间ADP和一组自由的磷酸盐结合成ATP——这种紧密连接叫作耦联磷酸化。如果结合不能变成耦合，就不会产生可用的能量。呼吸还在进行，但是不会有能量产生。细胞就会变成一个赛车发动机，只能产生热量，不会释放能量。这样的话，肌肉就无法收缩，神经冲动也不能传递了。精子到不了目的地，受精卵很难完成复杂的分化和发育。非耦合的后果对从胚胎到成人的所有生物都是一场灾难：可能导致组织或者生物体死亡。

非耦合是怎么发生的呢？辐射是其中的一个因素。有人认为，受到辐射的细胞就是这样死亡的。不幸的是，很多化学药品也具有阻止氧化过程中能量产生的能力，杀虫剂和除草剂就名列其中。如我们所知，苯酚对新陈代谢影响巨大，它可能会导致体温升高到致命的程度——这就是"赛车发动机"非耦合的结果。二硝基酚和五氯苯酚是这类化学药品的代表，它们广泛用作除草剂。另一种非耦合化学药品是2.4-D。在氯化烃中，DDT被证明是非耦合药物，随着进一步的研究可能会发现此类化学药品中其他的非耦合产品。

但是，非耦合并不是浇灭亿万细胞小火苗的唯一因素。我们已经知道，氧化的每个阶段都是由一种特殊的酶控制和推进的。如果这些酶中的一种遭到破坏或者削弱，细胞内的氧化循环就会停止。无论哪种酶受到影响，结果都是一样的。氧化过程就像一个不停转动的轮子，如果在辐条中间塞进一根撬（qiào）棍，不论插在哪儿，轮子都会停止转动。同样，如果破坏了氧化过程中的一种酶，整个过程就会停止。因此不会有能量产出，这与非耦合非常相似。

大量的杀虫剂中的任何一种都能充当这个撬棍。DDT、甲氧氯、马拉硫磷、吩噻嗪以及各种二硝基化合物都能抑制氧化循环的一种或多种酶。因此，这些药剂可能阻碍能量生产的全过程，并造成细胞缺氧。这种损伤会带来很多灾难性的后果，我们只能列举一二。

下一章将会讲到，实验人员仅靠抑制氧气供应，就把正常的细胞转变成癌细胞。其他的严重后果也会在动物胚胎的实验中做简单介绍。没有足够的氧气，组织的生长和器官的发育就会受到干扰；然后，会发生畸形和其他异常情况。如果人类胚胎缺氧，也会造成先天畸形。

尽管极少人会去探求其原因，但已有迹象表明人们开始注意这些不断增加的灾难了。1961年，人口统计局发起了一项全国范围的畸形儿调查，后附一张说明，称调查结果将作为先天畸形与环境关联的证据。毫无疑问，此项研究主要研究辐射的影响，但是化学药品的影响也不容忽视，因为它们跟辐射的危害是一样的。人口统计局预计形势会很严峻，因为未来儿童的缺陷和畸形，几乎都是由无处不在的化学药品造成的，它们把我们团团围住，从而对我们进行内外夹击。

一些研究结果显示，生殖能力下降与生物氧化过程受到干扰以及供应能量的ATP减少有关。卵子即使在受精之前也需要大量的ATP，从而为下一阶段做好准备，一旦精子进入，卵子受精，则需要耗费大量的能量。精子是否能到达并穿透卵子取决于它本身的ATP供应，它们都是由高度集中在细胞颈部的线粒体产生的。一旦受精成功，细胞就开始分化了。ATP供应的能量很大程度上决定了胚胎能否发育成形。一些胚胎学家研究了青蛙卵和海胆卵这些容易获得的对象后，发现如果ATP低于一定水平，卵子就会停止分化，很快就死了。

胚胎实验室的研究结果也适用于苹果树上的旅鸫，它们的窝里有几颗蓝绿色的鸟蛋——但都是冰凉的，生命之火几天内就熄灭了。在佛罗里达州，一棵高大的松树上有个鹰窝，用的是零零散散、长短不一的残棍断枝，却也垒得错落有致、别有风韵。里面有三个白色的鹰蛋，但也是冰冷无望的。为什么幼鸟都没有孵化出来呢？鸟蛋是否像实验室里的青蛙卵一样，因为缺少ATP提供的能量而没有正常生长呢？是否因为成鸟和蛋里积累了足够剂量的杀虫剂，从而使氧化车轮停止，不再产生ATP了呢？

很明显，检测鸟蛋要比检测哺乳动物的卵细胞容易得多，因此大可不必劳神费力地去猜测鸟蛋里是否含有杀虫剂，我们可以让事实说话。不论是在实验室里，还是在野外，只要接触过化学药品的鸟儿，它们下的蛋中都会留有浓度很高的DDT和氯化烃残留。在一次实验中，从加利福尼亚的野鸡蛋中检测出了浓度为百万分之三百四十九的DDT。在密歇根州，在旅鸫尸体的输卵管提取的蛋中，发现DDT的浓度为百万分之二百。其他旅鸫中毒死亡，在其留下的蛋中也检测出了DDT残留。在附近的一个农场里，因艾氏剂中毒的母鸡下的蛋里也含有艾氏剂。实验室里喂过DDT的母鸡下的蛋，也检测出了浓度为百万分之六十五的DDT残留。

既然我们知道了DDT和其他（也许是全部）氯化烃会破坏某种特殊的酶，并阻碍能量的产生，或使能量产生机制发生非耦合，就很难想象含有大量农药残留的鸟蛋会完成复杂的发育过程：无数次细胞的分裂，各组织和器官的发育，关键物质的合成，最终形成新的生命。所有这些都需要大量的能量——成包的ATP（只有新陈代谢之轮的转动才能产生）。这样的灾难不会局限于鸟类。ATP是一种普遍存在的能量单位，其循环代谢过程在所有的生物身上都是一样的，作用也别无二致。其他物种生殖细胞中残留的杀虫剂也值得我们担忧，因为同样的问题、相同的效应也可能会出现在我们身上。

有证据显示，这些化学毒素不仅出现在形成生殖细胞的组织里，而且会残留在细胞里。在一些鸟类和哺乳动物的生殖器官里发现了杀虫剂的身影，包括控制条件下的环颈雉、老鼠、豚鼠，给榆树喷药地区的旅鸫，云杉卷叶虫药物防治地区的鹿等。其中一只旅鸫睾丸里的DDT浓度比身体其他部位都高。环颈雉睾丸里也有大量DDT，大约为百万分之一千五百。

可能由于性器官中高浓度药物残留的作用，实验中的哺乳动物出现了睾丸萎缩现象。接触了甲氧氯的幼鼠，睾丸会很小。给小公鸡喂食DDT后，成熟的睾丸只有正常大小的百分之十八，鸡冠和垂肉也只有正常的三分之一大小。

精子也可能由于缺少ATP而深受影响。实验表明，二硝基酚会降低公牛精子的活动能力，因为它会妨碍耦合机制，导致能量减少。如果做深入调查的话，可能会发现更多的化学药品有相同的效应。一些医学报告称，有证据显示空中喷洒DDT的人员出现了精子减少的现象。

对于全体人类而言，比个人生命更宝贵的是我们的遗传基因，它是连接过去和未来的纽带。经过漫长进化才形成的基因，不仅造就了我们现在的样子，还控制着我们的未来——不管未来充满希望还是带着威胁。然而，我们这个时代正面临着人工产品导致基因衰退的威胁，"这也是对文明最终的、最严重的威胁"。此时，比较一下化学药品和辐射不仅合适而且必要。受到辐射的活细胞会遭到毁坏：正常分裂能力遭到破坏，染色体结构发生变化，携带遗传信息的遗传基因会发生突变，造成后代出现新的特征。如果细胞极其敏感的话，可能立刻被杀死，或者多年后变成恶性细胞。

在实验室里一大批化学品的类放射或者模拟放射已经证实了辐射的后果。许多杀虫剂和除草剂就属于这类物质。它们会使与之接触过的人得病，或者在其后代身上体现出来。

仅在几十年前，还没有人知道辐射和化学品的这些效应。那时候，还没有原子裂变技术，用于模拟辐射的化学品还没有进入化学家的试管。到了1927年，得克萨斯大学一位动物学教授穆勒博士发现，动物被X射线照射后，后代会发生突变。穆勒的发现开创了科学和医学研究的新领域。后来，穆勒因此获得了诺贝尔医学奖。由于对放射后果的耳濡目染，就连门外汉都对其了如指掌了。

尽管关注不多，20世纪40年代早期，爱丁堡大学的夏洛特·奥尔巴赫与威廉姆·罗宾森也发现了类似的情况。他们发现，与辐射一样，芥子气也会造成染色体异常。果蝇实验（早期穆勒也曾用果蝇进行过X射线研究）显示，芥子气也会引发后代突变。就这样，人类发现了第一种诱变剂。

如今，除了芥子气外，人们又发现了很多其他化学品也可以改变动植物的遗传物质。为了认识化学品是如何改变遗传过程的，我们必须首先了解生命之剧是如何在活细胞这个舞台上演的。

构成身体组织和器官的细胞必须有不断增殖的能力，才能保证身体的生长和生命的薪火相传。这个过程是由有丝分裂或核分裂完成的。在一个即将分裂的细胞内，会发生最重要的变化，首先是细胞核内的变化，最终会扩散至整个细胞。在细胞核内，染色体会神奇地移动、分裂，然后排成一种固定的模型，把遗传物质——基因，传给子细胞。起初，它们呈长长的线状，基因排列在上面就像一串珠子一样。然后，每条染色体纵向断裂开来（基因随之分裂）。细胞分成两个后，染色体会分别进入其中一个子细胞内。这样每一个新细胞都会包含一整套染色体，它们都包含所有的遗传信息。通过这种方式，物种的完整性得以保存和延续。

生殖细胞的形成过程十分特殊。因为所有物种的染色体是恒定的，由此可知，即将生成新个体的精子和卵子只能携带一半的染色体。在生殖细胞形成的分裂过程中，染色体精确地完成了这一行为。此时的染色体并不分裂，每对染色体中完整的一条就会进入一个子细胞中。

在这个阶段，所有生物的变化都是一样的。地球上所有的生命都会经历细胞分裂；不论是人还是变形虫，高大的红杉还是微小的酵母，没有细胞分裂就不能长期存活。因此，任何阻碍细胞分裂的因素对生物的健康及其后代都会构成严重威胁。

乔治·辛普森和同事皮特德利以及蒂凡尼在包罗万象的著作——《生命》中写道："细胞组织的主要特征，包括细胞分裂在内，可能超过五亿年了，也许将近十亿年。从这方面看，地球上的生命很脆弱，也很复杂，但是很持久——甚至比山脉都要久远。这种持久性完全依靠遗传信息一代代精确传递。"

但是，在作者回顾的这十亿年里，没有出现与20世纪中期人造辐射和人造化学药品广泛传播类似的"精确无误"、直接有效的威胁。澳大利亚一名著名的医师，同时也是诺贝尔奖获得者——麦克法兰·博纳特先生认为，这是我们时代"最明显的医学特征之一"，那就是"作为先进治疗手段和化学物质生产的副产品——诱变剂，越来越多地突破了人体屏障"。

人类染色体的研究尚处于初级阶段，环境对染色体影响的研究刚刚变得可能。直到1956年，人类才确定了人体细胞的染色体数量是四十六条，我们刚刚能观察到染色体及其片段是否存在。环境中的某些因素可以损害基因还是一个相对较新的概念，而且除了遗传专家外，很少有人理解这一点，专家们的意见自然受到了冷落。时至今日，辐射的各种危害已经为人所熟知——尽管有些地方仍在尽力否认。不光是政府的决策者，还有很多医学界的人都拒绝接受遗传原理，这常常令穆勒博士感到遗憾。公众以及众多的资深医学专家、科技人员都很少知道化学药品与辐射的危害是类似的。正是这个原因，使得化学药品尚未进行评测就得到广泛使用（而不是用于实验室的实验）。但是测评这件事绝对有必要。

不只是麦克法兰一人预想到了潜在的危险。英国一位权威人士皮特·亚历山大博士说，类放射化学物质的危害可能比辐射还要大。穆勒博士根据数十年的遗传学报告，提出警告："各种化学药品（包括杀虫剂）跟辐射一样会增加基因突变的频率……现代条件下，我们频繁接触异常化学品，人类基因存在突变的倾向。"

人们对化学诱变剂的普遍忽视，可能是因为最初发现的几种仅用于科学研究的缘故。毕竟，氮芥并没有洒向所有人，而是被生物学家用于实验或者医生用来治疗癌症（最近有报告提到，接受癌症治疗的病人的染色体受到了损伤）。但是，大多数人却正在与杀虫剂和除草剂密切接触。

尽管人们对这个问题关注不多，但是我们仍然可以从许多许多"灭害剂"案例中收集到信息，证明它们破坏了细胞的重要机能：从染色体损伤到基因突变，最终导致细胞发生癌变。

几代蚊子接触DDT后，会变成一种奇怪的生物——雌雄同体。苯酚处理过的植物，其染色体会遭到破坏，基因发生变化，出现大量突变和"不可逆的遗传变化"。接触过苯酚之后，基因经典实验对象——果蝇，会发生基因突变；如果接触常见的除草剂或尿烷后，果蝇剧烈的基因突变可能会致其死亡。尿烷属于氨基甲酸酯类化学物质，很多杀虫剂以及其他农药都是用这类化学物质制成的。有两种氨基甲酸酯类化学物质用来防止储藏的土豆发芽，因为它们可以阻止细胞分裂。还有一种防止发芽的化学品——马来酰（xiān）肼（jǐng）已经被认定为是危险的诱变剂。

用六氯联苯（BHC）或林丹处理过的植物，其根部会出现肿块。它们的细胞会肿胀变大，因为内部的染色体数量已经翻倍了。随着细胞的不断分裂，染色体会继续复制，直到细胞不再分裂为止。

除草剂2.4-D也会使植物根部长出瘤子一样的肿块。染色体会变短、增厚，并聚拢在一起。细胞分裂被严重阻滞了。据说，这种危害与X射线的照射效果一样。

这些仅是一部分而已，还有很多例证可以援引。然而，至今仍没有旨在检测杀虫剂诱变后果的综合研究。上面所提到的例子只是细胞生理学或遗传学研究的附带结果。最紧迫的就是要对其进行直截了当的研究。

有些科学家虽然承认环境辐射对人类的危害，却怀疑化学诱变剂是否具有相同效应。他们列举了辐射的强大穿透力，但不认为化学药品会渗透进生殖细胞。这是因为我们缺乏对人类的直接研究。然而，鸟类和哺乳动物生殖腺和生殖细胞中出现的大量DDT残留就是一个强有力的证据，至少可以证明氯化烃不仅遍及全身，而且与遗传物质亲密接触。宾夕法尼亚州立大学的教授大卫·戴维斯发现一种在癌症治疗中有限使用的强力化学药品可以阻止细胞分裂，并造成鸟类不孕。不足以致死的化学药品会造成生殖腺里的细胞停止分裂。戴维斯教授的野外试验也取得了一些成果。显然，我们没有任何理由相信所有生物的生殖腺会免受化学药品的侵害。

最近关于染色体异常的医学研究具有重大意义。1959年，英、法两国独立的调查小组得出了相似的结论——人类的某些疾病是由染色体数量异常引起的。研究人员发现某些疾病和畸形的染色体数量都不正常。通常所说的唐氏综合征患者细胞内就多了一条染色体。有时候，这条染色体会附着在另一条上，因此总数还是四十六条。一般情况下，多余的一条是独立存在的，因此染色体的数量是四十七条。这些疾病的原因要追溯到上一代人。

美国和英国的慢性白血病患者身上出现了一种异常机制。他们血细胞中的染色体出现了异常情况，即缺少了染色体的某些部分。这些病人皮肤细胞的染色体是正常的。这就说明，染色体缺陷并不是在生殖细胞中发生的，而是发生在人体的特定细胞（在本例中，首当其冲的是血细胞）中。染色体的部分残缺可能导致这些细胞失去了正常行为的"指令"。

自从开辟了这一研究领域，与染色体异常相关的身体缺陷的种类和数量增长迅猛，已经超出了医学研究的范畴。克氏综合征就与一条染色体的复制有关。患者为男性，他有两条X染色体（变成XXY，而不是正常的XY），所以总会有些不正常。在此条件下，常常会出现身体过高、智力缺陷和不孕不育等症状。相比较而言，如果一个人只有一条性染色体（成为XO，而不是正常的XX或者YY），虽然是女性，但是会缺少很多第二性征。这种情况通常会伴有身体（有时候智力）缺陷，因为X染色体必定包含各种特征的基因。这种疾病叫作特纳综合征。在人们发现这两种病症的原因之前，医学文献中早就有记载了。

不同国家的人员正在研究染色体异常的领域勤奋工作。由克劳斯·帕托博士带领的威斯康星大学研究组一直关注各种先天畸形，通常包括智力缺陷，这好像是由于染色体只进行了部分复制引起的，好像是在生殖细胞的复制过程中，一条染色体断裂后，碎片没能精确地进行分配。这种缺陷很可能会影响胚胎的发育。

根据现有知识，一条完全多余的染色体通常是致命的，因为它会威胁胚胎的生存。目前，据我们所知，有三种情况可以存活，其中一种是唐氏综合征。多余的这个片段，虽然会造成严重损伤，但不一定致命。据一些威斯康星的研究人员说，这种情况可以合理解释，在大量案例中为什么一些孩子一出生就有多种缺陷，通常包括智力低下等情况。

这是一个全新的研究领域，目前科学家研究的重点是染色体异常与疾病和缺陷的关系，还没有机会探究其具体原因。如果认定单一物质就可以造成细胞分裂过程中染色体的破坏或行为异常，无疑是愚蠢的。但是，现在环境中充斥着直接攻击我们染色体的化学药品，它们可以造成上述病症，难道我们应该对此视而不见吗？这样做仅仅是为了使土豆保存完好或院子里没有蚊子，代价是不是有点高呢？

我们的遗传基因，是细胞质经历了二十亿年的进化和选择的结果，它们由祖先传给我们，暂存在我们这里，之后我们还要传给子孙。只要我们愿意，一定能够减少对遗传基因的威胁。我们现在所做的仅仅是杯水车薪（用一杯水去救一车着了火的柴，比喻无济于事）。尽管法律规定化学药品生产商检验产品的毒性，但并没要求检验化学药品对基因的影响，所以他们不会这样去做。

第十四章
DISHISIZHANG

# 四分之一的概率[精读]

随着工业时代的到来，恶性病开始频繁光顾人类，并进入了每个人的生活，甚至包括未出生的婴儿。人类用来控制自然的化学药品在直接或间接致癌。那么，这些化学药品为什么能致癌？其原理是怎样的？在这样的现实面前，人类应该怎么办？这一章用大量的篇幅阐述了这些问题。

◎ 阅读理解
[1]从历史的角度谈自然环境会给人带来疾病，甚至使人患上癌症。

◎ 写作分析
[2]这里是说在长期的发展过程中，人类和自然的破坏力量形成了平衡。据此推测，下文应表明人类错误地使用化学药品打破了这种平衡。

生物抗癌斗争史源远流长，其源头早已湮没在历史长河中了。但是，好也罢坏也罢，它必定发端于自然环境中，受到太阳、风暴和地球古老自然因素的影响。环境因素会造成一些灾难，生物不是适应，就是灭亡。太阳的紫外线会引发恶性肿瘤。同样，某些岩石有辐射，土壤或岩石被雨水冲刷出来的砷污染了食物或水源，也会引起某些疾病。[1]

这些危险的元素早在生命出现之前就存在了；然而，生命还是顽强地出现了，经过了数百万年的发展，它们形成了数量繁多、种类丰富的物种。在自然缓慢演进过程中，不能适应的遭到淘汰，最顽强的存活下来，生命与自然的破坏力量达成了一种平衡。这些天然的致癌物质仍然能引发恶性病变，但是由于它们数量很少，而且早已存在，因此生命自从开始就适应了这些力量。[2]

随着人类的到来，情形开始转变，因为在所有生物中，只有人类能够创造致癌物。其中几种致癌物已经在环境中存在了几个世纪。含有芳香烃的烟尘就是一个例子。随着工业时代的来临，世界上发生着持续加速的变化，很多化学和物理工具应运而生，它们都能诱发某些生理变化。对于自己亲手创造的这些致癌物，人类没有任何防护措施，而人类的进化十分缓慢，所以对新条件的适应也是极其迟缓的。因而，这些强致癌物能轻易地突破人类脆弱的防线。[1]

癌症这种疾病非常古老，但是我们对于癌症诱因的认识却十分迟缓。大约两个世纪以前，伦敦的一名医生才发现外部或环境因素能导致恶性肿瘤的发生。[2]在1775年，波西瓦·帕特先生宣布，扫烟囱的清洁工中高发病率的阴囊癌一定是他们身上的烟灰引起的。当时他还无法提供我们要求的"证据"，但是现代科学技术已经分离出了烟灰中的致癌物，证明了他的感觉是正确的。

在帕特发现之后的一个世纪或更长的时间内，人们的认识一直止步不前，并没有认识到环境中的一些化学药品经反复的皮肤接触、吸入或者吞食能够致癌。尽管如此，有人也注意到在康沃尔和威尔士炼铜厂和铸锡厂工作的工人，由于长期接触含砷烟雾，易患皮肤癌。人们也发现，在萨克森州的钴矿和波希米亚省约阿希姆斯塔尔的铀矿工作的工人会患上一种肺病，后来经确诊是癌症。但这只是前工业时代的现象，工业繁荣后，各种化学药品就充斥了世界的各个角落。[3]

19世纪最后的二十多年里，人们才开始认识到恶性病变始于工业时代。当时，巴斯德正在努力证明微生物是许多传染病的根源，而其他人正探索造成萨克森新型褐煤和

◎ 阅读理解
[1]在这里，不妨理解为对人类错误使用化学药品的一个警告。创造容易，控制和防范困难。

◎ 阅读理解
[2]大约两个世纪以前就有外部或环境因素是癌症的诱因的看法，而至今这一疾病也没能彻底消除。认识容易，解决困难。

◎ 阅读理解
[3]在前工业时代，对化学药品致癌的认识是一个漫长的过程。如果在工业繁荣的时代还是如此，就意味着人类要付出更大的代价。

苏格兰页岩产业工人患皮肤癌的原因，还有工作中接触柏油和沥青引发的其他癌症。到了19世纪末，人类已经发现了六种致癌物；而到了20世纪，无数的致癌化学药品被创造出来，并与普通人密切接触。在帕特的研究之后不到两个世纪的时间内，环境发生了巨大的变化。危险不再局限在职业人员身上，它们已经进入每个人的生活——甚至包括未出生的婴儿。[1]因此，现在有如此多的恶性疾病也就不足为怪了。

恶性病的增加并不是人们的主观印象。1959年7月，人口统计局的月报上说，恶性疾病的增加（包括淋巴和造血组织）造成死亡的人数占1958年死亡总人数的百分之十五，而在1900年仅为百分之四。根据目前的发病率，美国癌症协会估计，现有人口中有四千五百万人最终会身患癌症。这就意味着，三分之二的家庭将会遭殃。[2]

而儿童的情况则更加令人担忧。二十五年前，得癌症的儿童很少。如今，死于癌症的儿童比死于其他任何疾病都多。情况已经变得非常糟糕，所以波士顿市成立了一家专门治疗儿童癌症的医院。一岁到十四岁的死亡儿童中，死于癌症的占百分之十二。在不到五岁的儿童中，出现了大量恶性肿瘤患儿。但更令人恐惧的是，很多刚出生或者未出生的小孩已经出现了肿瘤。[3]国家癌症研究所的休伯博士是环境致癌研究的权威。他认为，先天性癌症和婴儿患癌可能与母亲怀孕期间接触致癌物质有关，这些物质进入胎盘后，危害成长中的胚胎组织。实验也证明，接触致癌物质后，体型较小的动物更容易患癌。[4]佛罗里达大学的弗朗西斯·雷警告说："在食物中添加化学品会导致儿童患癌……可能在一两代人之后，我们都不知道会发生什么……"

值得关注的是，我们用来控制自然的化学药品是否会

◎ 阅读理解
[1]这就是现状，在这种情况下，人们对癌症的发生应该有更深入的认识了吧？

◎ 写作分析
[2]列举确凿的数据，说明恶性病的增加是客观情况，同时说明了其危害之大。

◎ 阅读理解
[3]致癌化学药品波及刚出生及未出生的婴儿，确实令人非常担忧。人类亲手伤害了自己的子孙后代。

◎ 阅读理解
[4]试图说明儿童患癌的原因。癌症对小动物和婴儿更具威胁性和攻击性。

直接或间接致癌。从动物实验得到的证据看，有五六种杀虫剂应该被认定为致癌物。如果加上一些医生认为的可以导致白血病的化学药品，这份名单会更长。这些证据都具有偶然性，因为我们不可能在人的身上做实验，但是它们却相当震撼。[1]如果加上那些导致活体组织和活性细胞间接致癌的化学药品在内，还有很多杀虫剂将会列入这个名单。

含砷杀虫剂是最早被发现与癌症有关的化学药品之一，比如用作除草剂的亚砷酸钠和用来杀虫的砷酸钙及其他化合物。人类和动物的癌症与砷的关系由来已久。休伯博士在他的专题著作《职业肿瘤》中提到了接触砷的后果。[2]近一千年来，西里西亚地区雷切斯坦市一直是金、银矿的重要产区，砷矿也开采了几百年的时间。几个世纪以来，砷矿废料堆积在矿井周围，被山上冲下来的溪流带走。地下水源受到了污染。几个世纪以来，当地很多居民遭受"雷切斯坦病"的折磨——慢性砷中毒，症状为肝、皮肤、消化系统和神经系统紊乱。这种疾病也常常伴随恶性肿瘤。这种病已经成了历史，因为大约二十多年前，这里已经换了饮用水，水里不含砷了。然而，在阿根廷的科尔多瓦省，伴有皮肤癌的慢性砷中毒仍很严重，因为取自岩层的饮用水中含砷。

长期坚持使用砷杀虫剂，很容易出现类似雷切斯坦市和科尔多瓦省的情况。[3]在美国烟草种植区、西北部果园和东部蓝莓产区都使用含砷药剂，很容易对供水系统造成污染。砷污染不仅伤害人类，还会影响动物。1936年，德国发表了一份重要的报告。在萨克森州的弗莱堡市，银、铅熔炉向空中喷出大量含砷的烟尘，随风飘向周围的村庄，最后落在了植物上。据休伯博士说，马、牛、山羊和猪一定吃了这些植物，因为它们身上出现了脱毛和皮肤

◎ 阅读理解
[1]不能因为证据具有偶然性而忽视了化学药品致癌的可能性。

◎ 写作分析
[2]从历史角度说明化学药品能致癌，增强说服力。

◎ 写作分析
[3]由自然界的砷能致癌推出人类制造的化学药品——含砷的杀虫剂致癌，切入本书主题，逻辑严密。

加厚的状况。附近森林里的鹿则出现了异常色斑和癌症前期的疣（yóu）。其中一只已经很明显患上了癌症。所有受影响的家畜和野生动物都得了"砷肠炎、胃溃疡和肝硬化"。圈养在熔炉附近的羊患上了鼻窦癌。它们死后，在大脑、肝脏和肿瘤中检测出了砷。这个地区的昆虫也大量死亡，尤其是蜜蜂。下过雨后，含砷粉尘被雨水冲进了溪流和池塘，造成大量的鱼死亡。[1]

广泛用于治理螨和扁虱的一种新型有机杀虫剂也属于致癌物。历史经验充分证明，尽管存在相关法律，但是由于法律程序的滞后，在政府行动之前，公众已经被迫接触致癌物好几年了。这个故事从另一个角度看又是耐人寻味的，今天劝说公众接受的"安全"事物，明天可能就会变得非常危险。[2]

1955年，这种化学药品上市时，生产商曾为它申请了一个限值，即允许农作物带有少量残留。根据法律要求，他们在动物身上做了实验，并把实验结果一起交了上去。但是，食品和药物管理局的科学家认为这种产品有致癌的风险。所以，该局局长建议实行"零容忍"，也就是说州际贸易食品不能含有任何药物残留。但是，生产厂商是有权进行上诉的，于是此案交由委员会定夺。最后，委员会做出了一个折中的决定：允许百万分之一的残留。另外，产品可以先出售两年以观后效，同时对此进行实验研究。

虽然委员会没有明说，实际上就是把公众当成了豚鼠，跟狗和老鼠一样，被用来做实验。但是，动物实验很快就出了结果，两年后，这种除螨剂也被确认为致癌物。但是到了1957年，食品和药物管理局仍未能撤销限值，致癌物质得以继续污染公众的日常食物。各种法律程序又耽误了一年，直到1958年12月，局长建议的"零容忍"才得

154

以实行。

这些绝不是杀虫剂中仅有的致癌物。实验室进行的动物实验中，DDT引发了疑似肝脏肿瘤。发现这些肿瘤的食品和药物管理局的科学家不知道如何对此进行归类，但是隐约感到应该把它们定为"低级肝癌细胞"。现在，休伯博士明确地把DDT定为"化学致癌物"。[1]

人们已经发现了属于氨基甲酸酯类的两种除草剂IPC和CIPC可以使老鼠患上皮肤肿瘤。其中有些是恶性的。这些化学药品先引起恶性病变，然后由环境中的各种化学药品共同作用完成。

除草剂氨基三唑致实验动物患上甲状腺癌。1959年，一些越橘种植户误用了这种化学药品，导致一些待售的浆果上含有这种药物残留。食品和药物管理局没收这些受污染的水果后，很多人不相信这种化学药品会致癌，其中包括很多医学界人士。该局用事实说话，它发布了实验老鼠喝了氨基三唑患癌的研究。这些老鼠喝了浓度为百万分之一百的含有氨基三唑的水（一万勺水中加入一勺氨基三唑），到第六十八周时，老鼠就患上了甲状腺肿瘤。两年后，超过一半的实验用鼠都出现了肿瘤，有良性的，也有恶性的。即使小剂量的喂食也会引发肿瘤——实际上，任何剂量都会产生影响。当然，没人知道多大剂量的氨基三唑会使人类致癌，但是哈佛大学的医学教授大卫·鲁茨坦已经指出，致癌剂量取决于人类身体对它的敏感程度。

到目前为止，还没有充分的时间弄清楚新型氯化烃杀虫剂和除草剂的全部效应。大部分恶性疾病发展得都非常缓慢，需要将患者的一生分割开来，才能找出临床症状的节点。[2]在20世纪20年代早期，给钟表转盘涂上发光数字的妇女们在使用刷子时不小心碰到嘴唇，摄入了少量的镭。十五年或更长时间后，其中一些妇女患上了骨癌。工作中接触化学物质的人，在十五年到三十年，甚至更长时间之后，才会发现得了癌症。

与产业工人接触致癌物质的悠久历史相比，军人在1942年才首次接触DDT，而普通居民的遭遇是从1945年开始的。直到20世纪50年代，林林总总的化学药品才投入使用。这些化学药品播下的恶毒之种正在生根发芽，后果还未显现。

虽然大部分恶性病变的潜伏期都很长，但是，有一个例外——白血病。在原子弹爆炸三年后，广岛的幸存者们就患上了白血病，所以我们有理由相信其潜伏期可能非常短。也许其他癌症的潜伏期也相对较短，但是截至目前，白血病是发病缓慢的癌症中的例外。[1]

随着杀虫剂的盛极一时，白血病患者逐渐增多。国家人口统计局的数据清楚地表明造血组织病变正急剧增加。1960年，仅白血病就造成了一万二千二百九十人死亡。1950年，死于血液和恶性淋巴肿瘤的患者为一万六千六百九十人，到了1960年猛增至二万五千四百人。1950年，每十万人中的死亡人数为十一点一人，到了1960年增加至十四点一人。死亡人数增加并不仅限于美国，各个国家死于白血病的人数正以每年百分之四到百分之五的速度增加。这意味着什么呢？人类日益频繁接触的致命化学药品是什么呢？[2]像梅奥医院这样世界著名的机构已经确认有数百名患者死于这种造血组织疾病。其血液科的马尔科姆·哈格雷夫斯博士以及他的同事报告说，这些病人曾经接触过多种有毒化学药品，包括DDT、氯丹、苯、林丹以及石油蒸馏液等各种喷剂。[3]

哈格雷夫斯博士认为，与使用有毒物质有关的环境性疾病一直在增加，"尤其是在最近十年里"。根据丰富的

◎ 写作分析

[1]将白血病和其他癌症进行比较，既突出了白血病潜伏期短，也说明其他癌症潜伏期长的危害。

◎ 写作分析

[2]列举大量数据说明造血组织疾病正急剧增加的情况外，用疑问句式引出下文，引起人们的注意。

◎ 阅读理解

[3]根据实验情况说明化学药品名称，表明这些化学药品与白血病的联系。

临床经验，他总结道："大部分患有血质不调和淋巴疾病的人都曾长期接触各种烃类化合物，而今天的大部分杀虫剂都属于这种化学药品。只要仔细研究病历总会发现这样的联系。"他现在掌握了大量的详尽病例，这些都是他诊治过的病人，他们的病症包括白血病、再生障碍性贫血、霍奇金病以及造血组织紊乱等。他说："他们都曾大量接触过这些致癌物质。"[1]

这些病例说明了什么呢？拿一个讨厌蜘蛛的妇女为例。8月中旬，她进入地下室，手里拿着含有DDT和石油蒸馏液的喷雾器，对整个地下室喷了一次药，楼梯下、水果柜、天花板和橡子上的所有角落都喷了一遍。喷完后，她立刻感到很不舒服，恶心、烦躁、极度紧张。过了几天，她感觉好些了。然而，她明显没有意识到不舒服的原因，所以她在9月份又喷了又一次。喷药，生病，暂时恢复，再次喷药，就这样经历了两次循环。在第三次喷药的时候，她出现了新的症状：发烧、关节疼、浑身不适，一条腿也得了静脉炎。经哈格雷夫斯博士检查后，发现她得了急性白血病。一个月后，她就死了。[2]

哈格雷夫斯博士的另一位病人是一名职员，他的办公室就坐落在一栋陈旧的楼里，时常会有蟑螂出没。这令他烦恼不已，于是他决定亲手置蟑螂于死地。在一个星期天，他花了大半天的时间把整个地下室喷了一遍药，犄角旮旯里都喷到了。他使用的是浓度为百分之二十五的DDT，溶解在甲基萘溶液里。很快，他的身上出现了瘀青，并开始出血。他带着满身的伤口走进了血液科。经检测分析，他患上了严重的骨髓衰退症——再生障碍性贫血。在之后的五个半月里，他输了五十九次血，还有其他的辅助治疗。他在一定程度上恢复了健康，但是大约九年后，又患上了致命的白血病。[3]

◎ 写作分析

[1]再次证明化学药品的危害。化学药品是人们患各种疾病的罪魁祸首。

◎ 写作分析

[2]举简单例子阐释病情加重的过程，更直观，易于理解。化学药品的杀伤力如此之大，且如此迅速地置人于死地，令人不寒而栗！没有了解相关的科普知识，没有安全和防护意识，很容易自己害了自己，一定要注意。

◎ 写作分析

[3]举例说明仅仅为了治理蟑螂，化学品给人带来了致命伤害。

157

在一些病例涉及的化学品中，出现次数最多的杀虫剂是DDT、林丹、六氯联苯、硝基酚、防蛾晶体对二氯苯、氯丹及它们的溶剂等。正如这位医生所强调的一样，单纯地接触一种化学药品只是个案，不具有普遍性。农药产品通常包含多种化学物质，这些化学物质会溶于石油蒸馏液中，再加上一些分散剂。含有芳香烃和不饱和烃的溶剂本身就可能会损害造血器官。从实际角度而不是医学角度看，这些区别并不重要，因为这些石油溶剂是平时喷药不可或缺的一部分。

美国和其他一些国家的医学文献都记载了很多病例，都可以支持哈格雷夫斯博士的观点，那就是这些化学药品与白血病及其他血液疾病之间存在因果关系。[1]患者包括各类普通群众：被自己的喷药设备或飞机喷药伤害的农民；为了消灭蚂蚁而喷药，却继续待在书房攻读的大学生；一个在家里装了便携式林丹加湿器的妇女；在喷过氯丹和毒杀芬的棉地里工作的工人等。在医学术语的背后，隐隐约约地透露出很多悲剧，就如同捷克斯洛伐克的两个表兄弟一样。这两个男孩生活在同一个镇子上，经常一起玩耍，一起干活。他们生前干的最后一份工作是在一个农场里合伙卸下成袋的杀虫剂（六氯联苯）。八个月后，其中一个男孩得了急性白血病，九天后就死了。此时，他的表弟也开始出现疲劳和发烧的症状。三个月不到，他的病情就开始恶化，随后也被送往医院救治。经诊断，他也得了急性白血病，最终，病魔又一次夺走了一个人的生命。[2]

瑞典的一个农民又是一个例子，他的经历让人想起日本渔夫久保山驾着"福龙"号渔船捕鱼的故事。跟久保山捕鱼为生一样，这名健康的农民靠种地过活。但是天空飘来的毒素判了他死刑。其中一种是放射性烟尘，另一种是化学粉尘。这个人在大约零点二平方千米的土地上使用了含有DDT和六氯联苯的粉剂。就在他喷洒的时候，阵阵微风掀起了药粉，把他团团围住。隆德市医院记载："晚上的时候，他感到疲惫不堪。在之后的几天里，他总是感觉很虚弱，背疼、腿疼、浑身发冷，他只能在床上躺着。他的病情日益恶化，尽管如此，到了5月19日（喷药一周后）他才申请去当地医院住院。"他高烧不退，血细胞水平也不正常。然后，他被送到了内科诊室，在那里挨过两个半月后死了。尸检结果发现他的骨髓已经完全萎缩了。[1]

细胞分裂这种本来正常而必要的过程怎么突然变得异常而有害了呢？这个问题备受科学家的关注，也耗费了大量的资金。细胞内部发生了什么把有序增长的细胞变成了疯狂增生的癌细胞了呢？

答案肯定是多种多样的。因为癌症本身就形式多样，它的病源、发病过程、生长和退化的控制因素都有所不同，所以原因肯定复杂多样。但是，在众多表象之下，只是几种细胞的基本损伤。世界各地都在进行研究，有的甚至不是癌症研究，但是从这些零散的研究中，我们仍然能看到解决问题的一丝曙光。

我们再次发现，只有观察生命的最小单位——细胞和染色体，才能获得更广阔的视野来穿越重重迷雾。在这个微观世界里，我们必须找到使细胞神奇的运行机制变得异常的因素。[2]

癌细胞起源的理论有多种，其中最受人关注的理论之一是德国马克思·普朗克细胞生理学研究所的生物化学家奥托·沃伯格教授提出的。他一生致力于细胞内部氧化过程的研究。凭借丰富的背景知识，他清晰地解释了正常细胞癌变的过程。

◎ **阅读理解**

[1]药粉犹如带毒的银针将其包围，毒性之凌厉使其症状突生，死亡突至。这真是骇人听闻，无知害死人！我们一定要用科学知识武装自己。

◎ **阅读理解**

[2]引出下文关于细胞神奇的运行机制的说明，激发读者的好奇心和阅读兴趣。

沃伯格认为，不论是辐射还是化学致癌物，都是通过破坏细胞的正常呼吸开始的，这就使细胞失去了能量。反复小剂量接触这些物质，就会导致呼吸受到抑制，一旦造成影响，就无法恢复。没有被毒素杀死的细胞会努力补充失去的能量。但是，这些细胞不能进行神奇有效的循环来生产大量的ATP了，它们不得不采用原始低效的方法——发酵。这种通过发酵求生存的模式会持续很长时间。后来的细胞分裂会延续这种呼吸方式。

就这样，一旦细胞失去了正常的呼吸能力，就很难恢复，一年、十年甚至更长时间都无法恢复。但是，幸存的细胞为了补充失去的能量要进行持久的斗争，就会用加大发酵的方法来维持生存。这是一场达尔文式的斗争，只有适应能力最强的才能生存下来。最后，细胞内的发酵作用完全能够取代呼吸作用来提供能量。此时，正常的细胞也就变成了癌细胞。[1]

沃伯格的理论能够解释其他很多令人迷惑的问题。大部分癌症之所以潜伏期很长，是因为在细胞的呼吸作用首次遭到破坏后，发酵作用的缓慢增加需要进行无数次的细胞分裂。物种不同，发酵作用的速度也不相同，因而所需时间也长短不一。老鼠所需时间较短，癌症会很快出现；人类所需的时间很长（可能需要几十年），病情发展得十分缓慢。

沃伯格的理论还解释了为什么重复小剂量接触比一次性大剂量触及更加危险。[2]后者可以直接杀死细胞，而小剂量接触后，一些细胞会在受损的情况下存活下来。幸存的细胞最终会发展成癌细胞。这就是为什么不存在致癌物质"安全"与否的原因。

根据沃伯格的理论，我们还可以解释另一种难以解释

◎ 阅读理解

[1]前文介绍癌细胞的形成过程。细胞失去了呼吸能力，只能退而求其次，通过发酵提供能量来维持生存。我们一定要珍惜生命，很多时候生命一旦受到损伤，就无法恢复到最初完美的健康状态了。

◎ 阅读理解

[2]人们往往忽视接触小剂量化学药品的行为，这里特意指出这个问题，以引起人们警惕。

的现象——同一种元素可以用来治疗癌症，也可以引发癌症。大家都知道，辐射就是这样一种物质，它能杀死癌细胞，也能引起癌变。很多用于治疗癌症的化学药品也是如此。为什么会这样呢？这两种方式都会破坏呼吸作用。癌细胞的呼吸作用已经受到破坏，所以再增加一点，它就死了。但是正常细胞的呼吸作用第一次遭到破坏，虽然不会立刻死亡，但已经走上了通往癌变的路上。[1]

沃伯格的观点在1953年得到了证实，其他研究人员通过长期而间歇性地停止供氧，把正常的细胞转化成了癌细胞。1961年，他的理论再次得到了证实。这次是通过活体动物证明的，而不是人工培养的组织。在患癌老鼠体内注入放射性追踪物质后，仔细检查后发现细胞的发酵作用明显超出正常水平，与沃伯格的预测一致。

根据沃伯格确立的标准，大部分杀虫剂都能致癌。正如我们在前一章提到的那样，很多氯化烃、苯酚和一些除草剂都会破坏细胞的氧化和能量产生机制。这些化学药品通过这些机制，创造出休眠细胞，里面蛰伏着不可逆转的恶性病变，也无法检测——直到有一天，病因被彻底遗忘，甚至不被怀疑时——它们会爆发，癌症就出现了。

染色体可能是通往癌症的另一条途径。[2]这个领域的很多著名专家对于一切破坏染色体、干扰细胞分裂或引起突变的因素都充满怀疑。他们认为任何突变都可能是癌症的潜在诱因。尽管突变理论更多涉及的是生殖细胞，可能未来几代人才会感到它的威力，但是身体细胞也存在突变。根据癌症起源的突变理论，遭受了辐射或者化学药品影响的细胞会发生突变，进而使其分裂脱离身体控制。因此，它可以无规律、无限制地增殖。通过这种分裂生成的新细胞也具备逃脱控制的能力，假以时日，它们就会累积

◎ 阅读理解

[1]在不同阶段和不同时间段，同一种元素对细胞的影响是不同的。第一次破坏细胞呼吸作用会引发癌症，后来正常细胞发展成为癌细胞，再增加一点，便会消灭癌细胞，这就起到了治疗癌症的作用。

◎ 阅读理解

[2]下文介绍致癌的另一途径。层次鲜明，逻辑严密，有章可循，引人注目。

成癌症。其他研究人员指出，癌细胞中的染色体是不稳定的，它们容易断裂或受损，数量也不稳定，甚至可能出现两套染色体。

首次发现染色体异常与恶性病变联系的是艾伯特·莱文和约翰·波塞尔，他们俩都在纽约的斯隆-凯特琳癌症中心工作。关于恶性病变与染色体变异哪个先出现，他们毫不犹豫地认为"染色体变异早于恶性病变"。也许他们推测，在染色体开始受到损伤并出现不稳定情况后，在很长一段时间内很多代的细胞都会进行反复试验和试误（恶性病变的漫长潜伏期），在此期间会发生各种突变，导致细胞脱离控制，并开始无规律地增殖——这就是癌症。[1]

欧基维德·温格是染色体变异理论的早期支持者之一。他认为染色体倍增的情况尤其值得注意。经过反复观察，人们发现六氯联苯及其同类化学药品林丹会使实验植物的染色体数量翻倍，而这些化学药品又恰恰与很多记录在案的致命的贫血症病例有关，这是巧合吗？其他干扰细胞分裂的杀虫剂会不会破坏染色体、引起突变呢？

为什么白血病是辐射或者类辐射化学药品导致的最常见疾病？这个问题不难理解。这是因为，物理或者化学诱变因素的主要目标是分类活跃的细胞。它们主要包括各种组织，但最主要的是造血组织。骨髓是红细胞的主要制造器官，它每秒向血液输送超过一千万个的新细胞。白细胞形成于淋巴结和一些骨髓细胞中，其速度不定，但也快得惊人。

一些化学品跟锶-90类似的放射性物质一样，与骨髓密切相关。苯常用作杀虫剂的溶剂，它会进入骨髓，并在那里存留长达二十个月的时间。很多年以来，医学文献就把苯列为白血病的一个病因。[2]

儿童体内组织生长迅速，也给病变细胞提供了适宜的

◎ 阅读理解

[1]阐述染色体异常与恶性病变的关系。染色体受损、不稳定，直接导致细胞突变，失去控制，无规律增值，形成癌细胞。

◎ 阅读理解

[2]苯的慢性毒作用影响了骨髓的造血功能，患者接触了苯这种化学物质后，血液中白细胞增多，患上白血病。

环境。麦克法兰·伯奈特先生曾指出，白血病不仅在世界范围内增长，而且已经成了影响三四岁儿童身体健康的常见病了，其他疾病在这个年龄阶段没有如此高的发病率。伯奈特先生说："三四岁的儿童成为发病高峰人群只有一种解释——在出生前后接触了诱变物质。"[1]

另一种能够致癌的是尿烷。怀孕的母鼠接触尿烷后，它们和幼鼠都会患上肺癌。尿烷一定是进入了母鼠的胎盘中，因为实验幼鼠唯一接触过尿烷是在出生前完成的。正如休伯博士所警告的那样，如果人类接触了尿烷或相关化学药品，婴儿也可能会因为产前接触而出现肿瘤。

属于氨基甲酸酯类的尿烷与除草剂IPC、CIPC化学性质类似。尽管有癌症专家的警告，氨基甲酸酯类物质仍广泛应用于杀虫剂、除草剂、除菌剂以及塑化剂、药品、衣物、绝缘材料等各种产品。

通向癌症的路并不一定就是康庄大道。在一般情况下不会引发癌症的物质，但也可能破坏身体某部分的机能，导致恶性病变。癌症就是重要的例子，尤其是生殖系统的癌症，它们好像与性激素失衡有关；相应地，失衡可能是由于某些因素导致肝脏失去了保持性激素平衡的能力。氯化烃类产品就具有这种能够间接致癌的作用，因为它们在一定程度上都能对肝脏造成损伤。[2]

当然了，正常情况下性激素在体内保持正常水平，而且它们在促进生殖器官发育方面起着重要作用。但是，我们身体存在一种内在机制，肝脏会控制雄性激素和雌性激素的平衡（这两种激素同时存在于两性体内，只是数量上有所不同），以避免其中一种积累过多。但是，如果肝脏受到疾病或者化学药品的损伤，或者复合维生素B供应不足的话，肝脏就不能发挥作用了。在这种情况下，雌性激素

◎ 阅读理解
[1]解释儿童患白血病的原因。人为制造的危机无处不在，危及儿童。

◎ 阅读理解
[2]并不是所有的化学药品都会引发癌症，纵然不引发癌症，也会破坏身体机能，对人、社会、自然害处大、利处小。

163

就会超出正常水平。[1]后果将会如何呢？至少我们在动物实验中找到了充分的证据。洛克菲勒医学研究所的一名研究人员发现，因疾病肝脏受损的兔子子宫肿瘤的发病率很高，可能是因为肝脏不能抑制血液中的雌性激素，所以它们"上升到了致癌的水平"。对小鼠、大鼠、豚鼠和猴子的多项实验表明，雌性激素的长期主导作用（不一定数量很多）能引起生殖器官组织的变化，"从良性过度增殖到恶性病变"。过多的雌性激素也会使仓鼠患上肾肿瘤。

虽然医学界对于这一问题存在争议，但大量证据表明人类组织也可能出现类似效应。麦吉尔大学皇家维多利亚医院的研究人员发现，在他们研究过的一百五十例子宫癌病例中，有三分之二的患者有雌性激素异常增高的现象。在后来研究的二十个病例中，百分之九十存在雌性激素过于活跃的情况。

可能肝脏已经受到了损害，从而无法控制雌性激素的水平了，但是现有医学技术却检测不出来。正如我们所知，氯化烃就能轻易导致这种情况，小剂量摄入氯化烃就会引起肝脏细胞的变化。它还能造成维生素B的流失。这也非常重要，因为有很多证据显示维生素B具有抗癌作用。[2]斯隆-凯特琳癌症中心原院长罗兹发现，给动物喂食酵母后，即便接触强力致癌化学物质，它们也不会得癌症。而酵母中含有丰富的天然维生素B。缺乏维生素可能会导致口腔癌和消化道癌症。不仅在美国，在瑞典和芬兰两国的北部地区也有类似的情况，因为那里的人们的饮食中缺少维生素。营养不良的人群容易患原发性肝癌，例如非洲的班图部落。非洲部分地区多发男性乳腺癌，这也与肝病和营养不良有关。战后，希腊常见的男性乳房增大现象也与饥饿有关。

简单说来，杀虫剂能够损伤肝脏并减少维生素B的供应，导致体内自生的雌性激素增多，进而间接引发癌症。除此之外，我们还会越来越多地接触到各种合成雌性激素——普遍存在于化妆品、药品、食物以及相关行业中。[1]

人类与化学药品（包括杀虫剂）接触是不可控制的，其接触形式也是多种多样的。一个人可能会通过多种方式触及同一化学药品。砷就是一个例子。它以不同的形式在人类的生活环境中出现：空气污染物、水污染物、食品药物残留、药品、化妆品、木材防腐剂以及油漆或墨汁染料等。只与其中一种接触还不足以引起病变，但由于其他化学药品"安全剂量"的积累，任何一次单独接触都有可能超过承受的限度。

两种或两种以上不同的致癌物质会同时起作用，它们的效应还会叠加在一起。比如，一个人接触了DDT，几乎必然会接触其他损伤肝脏的化学药品，例如广泛使用的溶剂、脱漆剂、脱脂剂、干洗液以及麻醉剂。那么，DDT的"安全剂量"又该是多少呢？

一种化学药品可能影响另一种化学药品的特性，这就使情况变得更复杂了。有时候两种化学药剂共同作用才能引发癌症，其中一种使细胞或组织变得敏感，然后在另一种化学药品或催化剂的作用下，使细胞发生真正的恶性病变。这样，除草剂IPC和CIPC就充当了皮肤癌的急先锋——它们埋下了病变的种子，然后坐等"同伙"的到来——可能只是普通的清洁剂。[2]

物理元素和化学元素之间也存在相互作用。白血病可经两个过程形成：由X射线引发作用和化学药品的促进作用完成，例如尿烷。人类受到的辐射日益增多，再加上各种化学药品的接触，构成了现代社会的一个新的严峻问题。

◎ 阅读理解

[1]杀虫剂最初是为了杀虫，杀完虫，它却回过头来伤害人类。健康的隐患无处不在，人类应自我反省，小心谨慎，避免受到危害。

◎ 写作分析

[2]化学药品联合起来一起攻击细胞，威力和破坏力岂不是更大？"急先锋"一词用得形象而又贴切，把除草剂的危害之快和猛烈表现了出来。任何一个普通"同伴"的到来，都能让它们里应外合、强强联合，生命的城墙被攻陷简直易如反掌，使我们不仅为自己的健康担忧，对化学药品的渗透，我们也要引起重视。

放射性物质对水源的污染也是一个问题。这些物质作为污染物出现在水里，同时水里还有大量的化学物质，它们可能通过电离作用改变化学物质的特性，使原子重新排列，从而创造出新的化学物质。[1]

全美国的水污染专家都在担心清洁剂污染公共水源的问题。目前还没有清除它们的办法。有些清洁剂可能会间接致癌，它们会作用于消化道的内壁，改变组织使其更容易吸收危险的化学药品，进而加快致癌效应。但是，谁能预见并控制这种作用呢？具体条件瞬息万变，除了零剂量还有致癌物的"安全"剂量吗？

我们正冒险忍受着环境中的各种致癌物质，近来的一个发现就是很好的例子。1961年春天，很多联邦、州和私人的孵化场里，大量虹鳟鱼患上了肝癌。美国东部和西部的鳟鱼都受到了影响——在一些地区，几乎所有三岁的鳟鱼都患上了肝癌。人们为了尽早发现致癌的水污染源，国家癌症研究所环境癌症科和鱼类与野生动物管理局预先达成了检测鱼类肿瘤的协议，才发现了这种情况。

虽然对肝癌爆发的原因仍在研究中，但是最有力的证据指向了加工好的鱼类饲料中的某种成分。这些致癌物除了基本食物外，还包括各种化学添加剂和药物。

从很多角度看，虹鳟鱼的故事很重要，但最主要的是它证明了强力致癌物会带来什么。休伯博士认为癌症多发是一个严重的警告，人类必须控制环境致癌物的数量和种类。"如果不采取预防措施，人类很快就会经历类似的灾难"，休伯博士说道。[2]

正如一位研究人员所形容的，我们生活在一个"致癌物的海洋里"，不免令人沮丧，甚至感到绝望或倒向失败主义。大部分人的反应是：这不是无可救药了吗？清除致癌物质是不可能的吧？别做无用功了，把精力放在研究治疗办法上，不是更好吗？

面对这种问题，休伯博士经过深思熟虑，凭借多年卓越的研究工作并结合其毕生经验，给出了值得赞同的答案。他认为，我们目前面临的癌症与19世纪末人类经历的传染病极为相似。因为巴斯德和科赫的杰出工作，病原生物与许多疾病的关系得到了确认。医务人员和普通群众都知道，人类生存环境中存在大量致病微生物，就像今天致癌物已经遍及我们周围一样。大多数传染病已经控制在了合理范围之内，其中一些已经被彻底消灭了。这样辉煌成就的取得靠的是严格的预防和有效的治疗两者的结合。尽管在外行人看来是"神奇的药丸"和"灵丹妙药"的功劳，但是这场战争中病原体的清除才是决定性的胜利。[1] 伦敦的一名医生约翰·斯诺根据疾病发生的地方绘制了一张地图，发现疾病发源于同一个地方，这里的居民都用宽街的抽水机取水喝。根据预防医学的要求，斯诺博士立刻拧掉了抽水机的把手。从此，疾病得到了控制——不是神奇的药片杀死了霍乱细菌（当时还不知道），而是把微生物从环境中清除。治愈患者仅是一个方面，铲除病源在治疗方法中也同样重要。如今肺结核相对少见，很大程度上是因为现在人们很少接触到结核细菌。

今天，考虑我们世界致癌的因素，休伯博士认为，将全部或者大部分精力投入治疗癌症（假设能找到治愈的方法）会失败，因为大量的致癌物质未受影响，它们的致病速度要比无法预料的"治疗"快得多。[2]

我们为何迟迟没有采取这种常识性的方法来治疗癌症呢？"与预防措施相比，可能治愈患者更令人兴奋、更实在、更迷人和更富成效"，休伯博士说道。然而，预防癌

◎ 阅读理解
[1] "射人先射马，擒贼先擒王"，解决问题要回到问题出现的源头。清除病原体才是关键。

◎ 阅读理解
[2]致癌物质的致癌速度远快于治疗速度，那么这种恶化的趋势就无法遏止了，所以投入大部分精力也不会有显著效果。

◎ 阅读理解

[1]将问题解决在发生之前是最好的。问题出现了，再去挽回，往往力不从心。

症形成的思路"绝对是更人道的"，而且"一定比癌症治疗效果更好"。[1]休伯博士从来不相信"早餐前服用一粒药丸就能预防癌症"这类的痴心妄想。人们相信这种方法的部分原因是对癌症的误解，以为癌症虽然神秘却是由单一原因引起的，因而用单一的疗法就能治好。当然，这与真相相去甚远。就像环境性癌症是由多种化学和物理因素引起的一样，病变条件形式多样，生理表现也不尽相同。

◎ 阅读理解

[2]治疗和预防两种方式不可偏废。预防为主，治疗为辅。

即使"突破"变成现实，它也不是医治各种恶性疾病的灵丹妙药。虽然我们还要继续寻找治疗方法来为患者减轻病痛，但是寄希望于一蹴（cù）而就解决问题只会给人类带来伤害。这将是一个缓慢的过程，得一步步来。就在我们把大把金钱投入研究领域，期望找到治愈癌症患者的疗法时，甚至在我们寻求治疗时，我们却忽视了预防的黄金机会。[2]

◎ 写作分析

[3]采用做比较的写法，激起人们防治癌症的信心。

这并不意味着我们已经无计可施了。与世纪之交的传染病比起来，从重要方面看，前景是较为乐观的。就像今天到处是致癌物一样，当时满世界是细菌。[3]但是病菌不是人类投放到环境中的，人类传播疾病也是无意的。相反，现代环境中的大部分致癌物是人类自己撒播的，只要他们愿意，就能清除许多致癌物。致癌的化学药品是通过两种方式扎根于地球的：第一，是人们所追求的更舒适、更便捷的生活，这也具有讽刺的意味；第二，这些化学品的生产和销售已经成为我们经济和生活方式的一部分，并被广为接受了。

◎ 阅读理解

[4]抛弃不必要的化学药品可以降低患癌的风险。

把所有致癌物从现代生活中清除出去是不现实的。但其中大部分绝不是生活的必需品。把这些不必要的化学药品抛弃的话，将大大减少致癌物的总量，也会大大降低人们患癌的风险，而现在人口的四分之一面临患癌的危险。[4]

168

我们需要付出最坚定的努力，杜绝致癌物继续污染我们的食物、水源和大气，因为与它们接触最危险——虽然接触微量，但是会长年累月地重复积累着。

癌症研究领域的很多著名专家也与休伯博士一样，认为通过查明环境诱因、清除或减轻其影响，可以显著降低恶性疾病的发生率。对于那些潜在或者明确患癌的病人来说，当务之急是继续探寻治疗方法。对于那些尚未患癌以及尚未出生的后代来说，实行预防措施刻不容缓。[1]

◎ 写作分析
[1]概括全文，指出对付癌症的两条可行途径。

## 美文赏析

本章介绍了致癌的一些原理，内容翔实，有助于加深人们对癌症的认识，从而正确使用化学药品。文章谈了抗癌史、癌细胞起源的理论、染色体变异理论等，增加了文章的内涵。文章有对恶性病各种病例的分析，涉及方方面面，讲述了各种化学药品引发的事件，如含砷杀虫剂、DDT、六氯联苯、除草剂氨基三唑等，也谈了预防和治疗的问题，例证丰富、新颖，令文章同时兼具质感、感染力与说服力。

## 回顾训练

1. 填空。

（1）通往癌症的两条途径，一是_____，二是_____。

（2）_____是辐射或者类辐射化学药品导致的最常见疾病。

（3）休伯博士认为，在我们和癌症的斗争中，_____才是决定性的胜利。

2. 判断。

（1）破坏细胞的正常呼吸，使细胞失去了能量，有可能导致癌症的发生。

（　　）

（2）重复小剂量接触化学药品会比一次性大剂量接触化学药品更加危险。

（　　）

（3）杀虫剂能够损伤肝脏并减少维生素B的供应，直接引发癌症的发生。

（　　）

3. 本章题目"四分之一的概率"是什么意思？这样说有什么作用？

# 第十五章
DISHIWUZHANG

# 自然的反击

　　大自然本身有着一套有趣的生态系统，可是喷药行为扰乱了昆虫世界的动态平衡。这场化学战不过是使人类从一场危机走向另一场危机，用一个难题代替另一个难题罢了。那么，人类到底该怎样看待化学药品的使用呢？在大自然面前，人类该有怎样的行为呢？

　　为了按照自己的心意改造自然，我们在所不惜，最后却一败涂地，这真是莫大的讽刺。但这就是我们的处境。虽然很少提及，然而真相显而易见，大自然没那么容易屈服，昆虫已经找到了对付化学攻击的方法。

　　荷兰生物学家布雷约说："昆虫世界里有自然中最不可思议的现象。在这里，没有什么不可能，看起来最不可能的事在这里都司空见惯（看惯了就不觉得奇怪）了。深入研究昆虫奥秘的人总是被见到的景象弄得目瞪口呆。他知道任何事情都可能发生，即使最不可能的事也时有发生。"

　　如今有两个方面正发生着"不可能的事"。通过基因选择，昆虫有了抗药性。下一章将会谈到这部分内容。我们需要注意的另一个更广泛的问题是，我们的化学战削弱了自然的防线，而正是这样的机制保持着物种的平衡。每当我们破坏这些机制时，就会有大量害虫滋生。

　　从世界各地的报告看来，我们正身陷囹（líng）圄（yǔ）。经过了十来年的化学控制，昆虫学家发现早已解决的问题死灰复燃了，而且出现了新的动态，那些数量本来不是很多的昆虫已经肆虐成灾了。看来，化学控制简直是弄巧成拙，因为当初设计和实行都没有考虑复杂的生物系统，人们就盲目出击。使用的化学药品可能只在少数物种身上做过测试，并不是全部生物。

如今，很多地方的人认为只有在很早以前的简单世界里才存在自然平衡——但是现在已经完全遭到破坏，还不如忘掉它。有些人觉得这样的想法合乎情理，但是把它当作行动纲领是极其危险的。今天的自然平衡已经不同于更新世时了，但是它依然存在。生物间复杂、精确、高度统一的关系不容忽视，否则就像站在悬崖边上的人妄图挣脱地球引力一样，必定会受到自然的惩罚。自然平衡并不是恒定的，而是处于一种流动的、变化的、不断调整的状态。有时候，平衡会对人类有利；有时候又变得对人类有害，而且经常是由于人类自身的活动引起的。

现代社会昆虫防治计划的设计过程中忽略了两个至关重要的事实。第一次事实是，真正有效的昆虫控制由自然来实施，而不是人类。物种数量是由昆虫学家称之为环境制约的一种力量控制的，自生命开始出现就是这样的。食物的数量、天气和气候条件、竞争或猎食者的数量等，都是非常重要的制约因素。"昆虫不会在世界各地泛滥的最重要因素是昆虫内部的互相残杀"，昆虫学家罗伯特·梅特卡夫说。然而，现在使用的大部分化学药品会杀死所有昆虫，无论是敌是友都会被杀死。

第二个被忽略的事实是，一旦制约环境遭到削弱后，一个物种就会以爆炸性的方式迅速繁殖。很多生物的繁殖能力简直超乎我们的想象，尽管我们时常会见识一番。我记得在学生时代，在一个装有干草和水的罐子里加几滴原生动物的培养液就会出现奇迹。几天内，罐子里满是左冲右突的小生命——无数的草履虫，每一个都小如尘埃，在适宜温度、食物充足、没有天敌、暂时的伊甸园里无限繁殖。我也曾见到海边岩石上布满了白色的藤壶，还见过一大群水母连绵数里的壮观景象，如鬼魅般颤动不已、无边无际，与海洋融为一体。

冬天，当鳕鱼从海洋游到产卵的地方时，我们就能看到大自然的控制作用了。每一只母鱼会产下数百万颗鱼卵，但是海洋里的鳕鱼却不会泛滥。每一对鳕鱼所产的数百万颗鱼卵中，只有一小部分能够长成为代替父母的大鱼，这就是自然的制约作用。

生物学家们常常会自娱自乐式地设想，如果发生意外灾难，自然的制约遭到破坏，只有一个生物的后代能够存活，这将会是怎样的景象？一个世纪之前，托马斯·赫胥黎曾推测，一只蚜虫（不经交配就可以神奇地产生后代）在一年中产生后代的质量相当于鼎盛时期中国总人口的体重。

幸运的是，这只是理论上的极端情况，但是研究动物种群的人最了解扰乱自然秩序带来的可怕后果。牧民消灭土狼的热潮造成了田鼠成灾，因为土狼控制着田鼠的数量。亚利桑那州凯巴布高原的鹿是人们耳熟能详的另一个相关案例。鹿群的数量曾经与环境相协调。各种猎食动物（狼、美洲狮、土狼）控制鹿群数量，使它们的数量与食物相适应。但是，人们为了"保护"鹿群，杀死了所有的天敌。猎食动物消失后，鹿群大量繁殖，很快食物就不够了。低矮的植物已经被吃光了，它们不断努力吃高处的树叶。后来饿死的鹿竟然比猎食动物杀死的还要多。另外，由于鹿群疯狂地寻找食物，整个环境也遭到了破坏。

田野和森林中的捕食性昆虫所起的作用与凯巴布高原的狼和土狼一样。杀死它们，其他被捕食的昆虫数量就会猛增。

没人知道地球上到底有多少种昆虫，因为还有很多种类没有确定。但是已知的种类就超过七十万种。这就意味着从物种上看，百分之七十到百分之八十的地球生物是昆虫。大部分昆虫为自然力量所制约，而不是为人类所干预。如果不是这样，真不知道需要多少化学药品——或者其他方法——才可能控制它们的数量。

问题在于，在昆虫的天敌消失之前，我们几乎不知道自然的保护作用。我们大多数人对此漠不关心，毫不理会它的美丽和奇妙以及我们周围的那些奇特、数目惊人的生命。人们对猎食性昆虫和寄生虫的活动也了解甚少。可能我们曾经注意到花园里的灌木丛上一种形状怪异、姿态凶猛的昆虫——螳螂，却很少人知道它以其他昆虫为食。但是，只要我们在晚上的时候，打着手电筒去花园随便逛逛，就会发现螳螂正悄悄逼近它的猎物。这时候，我们就明白了猎食动物与猎物之间的关系。由此，我们就会感受到大自然自我控制的强大力量。

猎食性昆虫（猎食其他昆虫的昆虫）有很多种类。一些昆虫的动作是非常敏捷的，可以像燕子一样在空中捕获猎物；还有一些昆虫会沿着树干缓缓爬行，沿路吞食像蚜虫这样一动不动的小昆虫。黄蜂捉到软体昆虫后，会把肉汁喂给幼虫。泥蜂会在屋檐下筑起圆柱状的蜂巢，并在巢里储存昆虫供幼蜂食用。沙蜂会在牛群上方盘旋，杀死困扰牛群的吸血蝇。常被误认为蜜蜂的嗡嗡直叫的食蚜蝇在滋生蚜虫的植物上产卵，这样孵化的幼虫就会吃到大量蚜虫。瓢虫可以有效地消灭蚜虫、介壳虫以及其他食草昆虫。哪怕只要产一次卵，一只瓢虫也需要吃掉成百上千只蚜虫才能点燃能量之火。

寄生昆虫的习性更为特别。它们并不会直接杀死宿主，而是通过各种适应性的变化，利用宿主喂养自己的幼虫。它们会在猎物的幼虫或卵里产卵，这样它们的幼虫就可以直接以宿主为食。有的寄生虫会用一种黏液把卵附着在毛虫身上，孵化的时候，其幼虫就从宿主的皮肤中钻出来。另外一些深谋远虑的寄生虫会本能地把卵产在叶子上，这样觅食的毛虫会在无意间吞食它们的卵。

在田野、灌木篱墙、花园和森林，到处都是猎食性昆虫和寄生虫忙碌的身影。一个池塘的上空，几只蜻蜓飞驰而过，从它们的翅膀上折射出的阳光如火焰般耀眼。它们的祖先曾生活在拥有巨大爬行类动物的沼泽中。如今，它们仍像古时候一样，用锐利的眼睛和像篮子一样的腿在空中捕捉蚊子。在水下，蜻蜓稚虫水虿捕食水生阶段的蚊子幼虫孑孓以及其他昆虫。

草蛉是二叠纪一种古老物种的后代，它长着绿纱般的翅膀和金色的眼睛，害羞而隐秘，趴在叶子上几乎看不出来。草蛉成虫主要以花蜜和蚜虫的蜜汁为食，它会把卵产在一根长茎的根部，并把卵与叶子固定在一起。在这里，它们的奇特而带刺毛的幼虫蚜狮降生。蚜狮靠捕食蚜虫、介壳虫或螨虫为生，它们捉到虫子后会吸干其汁液。在它们吐出白色的丝茧之前，每只草蛉可以吃掉几百只蚜虫。

还有很多黄蜂和蝇类，也是以寄生的方式消灭其他昆虫的卵和幼虫为生。一些寄生于卵的黄蜂非常小，但是由于它们的数量和大量活动，许多破坏庄稼的昆虫数量得到了控制。

这些微小的生物都在工作，不分白天、黑夜，不论晴天还是下雨，甚至直到寒冷的冬天把生命之火扑灭成一团灰烬，它们仍在不停地工作。即使在冬天，这种生命也在隐隐地燃烧着，等待万物复苏的春天重新焕发生机。同时，在厚厚的积雪下、在冻得硬实的土层下、在树皮的缝隙里、在隐蔽的洞穴里，寄生虫和猎食性昆虫都找到了栖身之处来度过寒冬。

螳螂的卵被它的妈妈安放在附着于灌木树枝的薄皮小袋里，因为妈妈的生命已经随着夏天的消逝而结束了。

雌性长脚胡蜂隐藏在被遗忘的楼阁角落里，体内有大量的受精卵，它未来的种群都要依靠这些卵。独自生活的雌蜂生活在一个小小的、薄薄的巢中，在春天的时候它会在每一个巢室产一些卵，小心地养育一些工蜂。在工蜂的帮助下，它会扩建蜂巢，扩大自己的族群。在炎炎夏日觅食的工蜂会吃掉无数的毛虫。

这样，由于它们的生活状况和我们的需求，这些昆虫都成了我们的盟友，使自然平衡对我们有利。然而，我们却把大炮指向自己的朋友。可怕的危险就是，我们严重低估了它们牵制大量敌人的作用，没有它们的帮助，敌人一定会危害我们。

每过一年，杀虫剂的数量、种类以及毒性就会随之增长，环境制约的前景就变得日益黯淡，而且这种无情的变化是普遍的、永久的。随着时间的流逝，我们可能遇到越来越多的严重的虫灾，它们有的传染疾病，有的毁坏庄稼，其种类大大超出我们所知的范围。你可能会说："这些不都是理论上的吗？反正我这辈子是看不见了。"但是，就是此时此刻，它的的确确地发生了。据科学刊物记载，在1958年就有五十种昆虫涉及自然严重失衡现象。每年都会出现更多的例子。近来对于这个问题的一篇评论，参考了二百一十五篇相关论文，这些论文都报告或者讨论了杀虫剂引起了昆虫数量失衡的不利情况。

有时候，喷洒化学药剂会适得其反。例如喷药后，安大略的黑蝇数量就增加到原来的十七倍。而在英格兰，在喷洒了一种有机磷农药后，白菜蚜虫的数量便直线上升，数量之多历史上绝无仅有。

在其他情况下，喷药虽然能有效地控制目标昆虫，却也打开了一个充满害虫的潘多拉之盒，之前从未惹麻烦的昆虫现在却泛滥成灾了。比如，在DDT和其他杀虫剂杀死红叶螨的天敌后，这种小生物就遍布世界了。红叶螨不是一种昆虫，而是一种小得几乎看不见的八脚生物，与蜘蛛、蝎子、扁虱同属一类。它的口器适合穿刺和吸吮，它们特别喜欢吸食装点世界的叶绿素。它们用尖细的口器刺入常青树针叶的表皮细胞内，吸食叶绿素。轻微的感染就会使树木和灌丛斑驳点点；如果严重感染的话，植物的叶子就会变黄并脱落。

几年前，西部林区就发生过这样的事情。在1956年，美国林业局在三千六百平方千米的森林上喷洒了DDT。喷药的目的本来是要控制云杉蚜虫，但是到了第二年夏天，出现了一个比蚜虫更严重的问题。从空中鸟瞰时，工作人员发现大片的森林已经枯萎，高大的花旗松正在变黄，针叶也开始脱落。在海伦娜国有森林、在大贝尔特山西坡、在蒙大拿州的其他地区，直到爱达荷州，所有的森林都像被火烧过一样。很明显，1957年夏天出现了历史上规模最大、最严重的红叶螨灾难。几乎所有喷过药的地方都受到了影响，但其他地方的破坏并不明显。在寻找先例时，护林员想到了以前几次红叶螨灾害，但都不如这次严重。1929年的黄石公园麦迪逊河、之后的科罗拉多州、1956年的新墨西哥州，都出现过类似的情况。每次虫灾爆发都是在喷药之后（1929年是DDT被使用之前，当时用的药剂是砷酸铅）。

为什么红叶螨遇到杀虫剂会更加多呢？一个明显的原因是红叶螨对杀虫剂并不敏感。除此之外，还有另外两个原因。红叶螨的数量是由各种猎食性昆虫共同制约的，比如瓢虫、瘿蚊、捕食性螨虫以及一些掠食性昆虫等，这些昆虫对杀虫剂都非常敏感。第三个原因是与红叶螨种群内部压力有关。一个未受影响的螨虫种群是非常稠密的，它们紧紧挤在一个保护带之下，以躲避敌人。一旦喷药，它们就会分散开来，虽然没有被杀死，但是也受到了刺激，它们要寻找适合的环境。这样，它们慢慢会找到更广阔的空间和更充足的食物。在所有的天敌都被杀死之后，它们不用费力去编织保护带了。于是，它们全力以赴地投入繁殖中去了。不足为奇，红叶螨产卵数量增长到了原来的三倍，这都是拜杀虫剂所赐。

弗吉尼亚州的雪伦多河谷是著名的苹果种植区，当DDT代替砷酸铅后，一种叫作红带卷叶蛾的昆虫便泛滥成灾。在这之前，它的危害并不严重；但是这次它迅速成了危害最严重的果树害虫，并席卷了百分之五十的农作物，不仅在本地，而且在美国东部和中西部，随着使用DDT的地区增加，它的身影遍布各地。

这种状况充满了讽刺意味。20世纪40年代末，在新斯科舍省的果园中，定期喷药的地方是苹果卷叶蛾（苹果虫蛀的原因）最严重的区域。而在没有喷过药的地方，卷叶蛾不多，也不构成危害。苏丹东部喷药很勤奋，但是效果却难以令人满意，那里的棉花种植户饱受DDT的危害。在盖斯三角洲的灌溉区，约有二百四十平方千米的棉花。早期实验证明，DDT杀虫效果明显，于是人们加强了喷药。从那时起，麻烦就开始了。棉铃虫对棉花的危害最大，但是随着喷药越多，棉铃虫却越来越多。在未喷药地区，棉铃和成熟的棉朵受到的损害就较少。喷药两次的地方，棉籽产量骤减。虽然也消灭了一些食叶昆虫，但由此得到的一些好处又被棉铃虫造成的损失抵销了。最后，棉农们不得不面对残酷的事实：如果不是他们费力又费钱地喷药，棉花的收成可能会更好一点。

在比属刚果和乌干达，为了对付一种咖啡树害虫而大量喷洒DDT，结果造成了"灾难性"的后果。因为DDT对这种害虫几乎没有任何影响，它的天敌却深受其害。在美国，虫害愈演愈烈，因为喷药扰乱了昆虫世界的动态平衡。近来的两次喷药就产生了这样的问题：一次是南方的火蚁清除计划，另一次是中西部的日本甲虫歼灭战（见第十章和第七章）。

路易斯安那的农田在1957年大规模使用七氯后，却导致了甘蔗最凶恶的敌人——甘蔗螟虫的泛滥。喷洒七氯后，甘蔗螟虫就肆无忌惮了，因为针对火蚁的药剂杀死了甘蔗螟虫的天敌。作物受到严重损失，农民们试图起诉州政府的疏忽大意，没能提醒他们这样做的后果。

伊利诺伊州的农民也尝到了这样的苦果。伊利诺伊州东部的农田里使用了大量狄氏剂来控制日本甲虫，农夫们发现凡喷过药的地方，玉米螟数量却大大增加了。事实上，这一区域内的玉米螟几乎是其他地方的两倍。农民可能不了解其中的生物原理，但是无须科学家提醒，他们已经明白自己做了一笔不划算的买卖。为了消灭一种昆虫，他们解放了另一种破坏力更强的害虫。据农业部估计，日本甲虫每年造成的损失大约为一千万美元，而玉米螟带来的损失大约是八千五百万美元。

值得注意的是，人们过去一直依靠自然方法控制这种害虫。1917年，这种昆虫无意间被带入美国，两年后，美国政府就开始了大规模的计划来搜寻并引进玉米螟的寄生虫。从那时起，有二十四种寄生虫从欧洲和东方各国陆续引进，也花费了不少钱。其中，有五种寄生虫效果很好。无须多言，由于狄氏剂杀死了玉米螟的天敌，这些努力现在都化为乌有了。

如果这些不那么令人信服，请看看加利福尼亚柑橘园的情况吧。在19世纪80年代，那里进行过世界著名的生物防治实验。1872年，加利福尼亚出现了一种以柑橘树汁为食的介壳虫。此后的二十五年间，介壳虫发展成为一种害虫，很多果园因此损失惨重。新兴的柑橘工业面临破产的局面。很多农民放弃了，都把果树拔掉了。后来，从澳大利亚引进了一种介壳虫的寄生虫——一种小巧的澳洲瓢虫。从引进首批瓢虫算起，两年内，加利福尼亚柑橘种植区的介壳虫就得到了完全控制。从那时起，人们在柑橘园找上几天，也找不到一只介壳虫。

到了20世纪40年代，柑橘种植户们开始用令人炫目的新型化学药品对付其他昆虫。随着DDT和其他毒性更强的化学药品的出现，瓢虫在加利福尼亚的很多地区都消失了。当年引进瓢虫，政府只花了五千美元。这项行动每年却给果农挽回了几百万美元的损失，但是一不留心，收益马上就付之东流了。很快，介壳虫卷土重来，造成了五十年不遇的大灾难。

"这可能标志着一个时代的结束"，里弗赛德市柑橘实验中心的保罗·德巴赫博士说。现在控制介壳虫的工作变得极其复杂了。只有通过反复放养和小心喷药，才能减少澳洲瓢虫它们与杀虫剂的接触，保护好它们。但是，不管果农怎么做，它们的命运或多或少地受到临近农场主的摆布，因为飘散而来的杀虫剂已经造成了严重的损失……

这些例子都是关于农业害虫的。那些传播疾病的昆虫又是怎样的呢？我们已经得到很多警示。例如，南太平洋的尼珊岛在二战期间就曾大量喷药，战争结束后，喷药也停止了。很快，疟蚊重新入侵了这座岛屿。捕食疟蚊的昆虫已经被杀光了，无法及时形成新的种群，因此疟蚊大肆滋生。马歇尔·莱尔德描述自己的经历时，把化学控制比作了一台踏车——一旦我们踏上去，就会因为害怕跌倒而不敢停下来。

在世界各地，喷药与疾病的联系花样百出。不知为什么，像蜗牛等这样的软体动物不受杀虫剂的影响。这种情况已经出现了很多次。佛罗里达州东部盐沼大量喷药后，所有的动物死亡殆尽，只有蜗牛幸存下来。当时的景象是一幅可怖的画面——可能只有超现实主义表现手法才能描绘出这一场景。成群的蜗牛在死鱼和垂死的螃蟹中间爬来爬去，蚕食着毒雨杀死的生物。

但是这种后果为什么很重要呢？这是因为很多蜗牛是危险的寄生虫宿主。这些寄生虫一生中一部分时间在软体动物身上度过，一部分时间是在人体中度过的。血吸虫就是其中一例，它们可以通过饮用水或者洗澡水进入人体，引发严重的疾病。血吸虫正是靠其宿主蜗牛进入水中的。这种疾病在亚洲和非洲部分地区尤为严重。在有血吸虫的地方进行昆虫防治，如果促进了蜗牛繁殖的话，就可能导致严重的后果。

当然，人类不是蜗牛身上寄生虫引发疾病的唯一受害者。部分时间寄生在淡水蜗牛身上的肝吸虫会导致牛、绵羊、山羊、梅花鹿、马鹿、兔子以及其他温血动物患上肝病。感染虫子的肝脏不适合人类食用，因此受到严格管控。美国的牧民也因此每年损失三百五十万美元。任何增加蜗牛数量的措施都会使这一问题更加严重……

在过去十年里，这些问题已经投射出了巨大的阴影，但我们的认识却姗姗来迟。那些最适合研究自然控制并付诸实践的人员却埋头在更有刺激性的化学控制的果园里，忙得不亦乐乎。据说，在1960年，全美国只有百分之二的昆虫学家从事生物防治领域的工作。其余百分之九十八的大都在研究化学杀虫剂。

为什么会这样呢？主要的化学公司把大量资金投向大学，用于支持化学药剂的研究。这就产生了诱人的研究生奖学金和研究职位。而生物防治从来都没有如此多的捐赠，原因很简单：生物防控无法给任何人带来像化学工业那样的巨额利润。这些研究就由州和联邦机构承担，而这些地方投入的资金就少得可怜了。

这也解释了，为什么一些著名的昆虫学家都对化学药剂推崇备至。通过对这些人的背景进行调查发现，他们的整个研究项目就是由化学企业资助的。他们的声望，甚至工作都依赖于化学药剂的存续。难道我们还能指望他们倒打一耙吗？知道了他们的偏见之后，我们还能相信杀虫剂是无害的吗？

在化学药品成为主要的防治方法的欢呼中，少数昆虫学家提出了一些异议，因为他们没有忘记自己是生物学家，而不是化学家或者工程师。

英国的雅各布说："从所谓的经济昆虫学家的角度看，小小的喷嘴就能解决一切问题……但是如果问题复发，出现抗药性或者哺乳动物中毒，化学家就会准备好另一种药剂。但情况并非如此……最终只有生物学家才能给出虫害防治基本问题的最佳答案。"

新斯科舍省的皮克特写道："经济昆虫学家必须明白，他们是在跟生物打交道。他们要做的不仅是简单的杀虫剂检测，或者寻找剧毒化学药品。"皮克特博士就是理性昆虫防治领域的先驱，其研究方法充分利用了猎食性昆虫和寄生虫。他和同事们提出的方法已经成为光辉的典范，很难找到望其项背（能够望见别人的颈的后部和脊背，表示赶得上或比得上，多用于否定式）的措施。只有在加利福尼亚州一些昆虫学家提出的综合防治计划中，我们才发现在美国一些方法也有异曲同工（不同的曲调演奏得同样好，比喻不同的人的辞章或言论同样精彩，或者不同的做法收到同样好的效果）之妙。

大约三十五年前，皮克特博士在就在安纳波利斯谷的苹果园里开始了他的研究，那里是加拿大最集中的水果产区。那时候，人们都认为杀虫剂（当时是无机化合物）会解决昆虫防治难题，因此，唯一的任务就是劝导果农使用他们的建议。但是，美好的愿景并没有实现，昆虫顽强地生存下来了。于是，人们增添了新的化学药剂，发明了更好的喷药设备，喷药的热情也越发高涨，但是昆虫难题依然没有改观。随后，人们又说DDT是"苹果卷叶蛾噩梦的终结者"。实际上，DDT的使用引起了一场史无前例的螨虫灾害。皮克特博士说："我们只不过是从一场危机走向另一场危机，用一个难题代替另一个难题而已。"

基于这种观点，皮克特博士和他的同事提出了一个全新的方法，而不是跟其他的昆虫学家一样踏上去寻找更强化学药品的老路。他们发现自然界中也存在着人类的盟友，于是他们制定了一项尽量利用自然控制、最少使用杀虫剂的计划。需要使用杀虫剂时，只用最小剂量，刚好控制害虫，又不会对益虫造成危害。他们还会适当考虑时机。比如，在苹果花变成粉红色之前使用硫酸烟碱，一种重要的猎食性昆虫就会得以幸免，因为那时候它们还没有孵化。

皮克特博士对化学药品的选择非常谨慎，以尽量减少对寄生虫和猎食性昆虫的伤害。他说："如果我们像过去使用无机化学药剂那样来喷洒DDT、对硫磷、氯丹和其他新型杀虫剂的话，那些热衷于生物防控的昆虫学家也会认输的。"他没有使用毒性较强、横扫一切的杀虫剂，而主要依靠鱼尼丁（取自一种热带植物的地下根茎）、硫酸烟碱和砷酸铅。在某些情况下也会少量使用DDT和马拉硫磷（每三百七十八升添加二十八至五十六克，而不是通常的每三百七十八升添加零点五到零点九千克）。虽然这两种化学药剂是现代杀虫剂中毒性最小的，但皮克特博士仍希望通过进一步研究，找到更安全、更有针对性的材料来代替它们。

这项计划的效果如何呢？在新斯科舍省，采用皮克特博士计划的果农收获的优质水果产量比那些大量喷药的毫不逊色。它们的总产量也不相上下，但是参与这项计划的果农成本要少得多。新斯科舍省苹果园的农药成本仅是其他地区的百分之十到百分之二十。

比这些喜人的成果更重要的是，新斯科舍省的昆虫学家发明的改良计划不会破坏自然平衡。这种情况让十年前加拿大昆虫学家乌里耶特一语成谶（chèn）（指将要应验的预言、预兆，一般指一些"凶"事，不吉利的预言）："我们必须改变自己的观点，摒弃人类是优等物种的态度，并承认在多数情况下，我们可以从自然环境中找到限制生物数量的方法，比我们亲自动手更划算。"

# 雪崩的轰鸣声

　　密集的化学药剂的喷洒，使那些适应能力较弱的昆虫消失，而那些身体强壮并且适应能力强的昆虫却生存了下来，并产生了抗药性，结果在农业、林业、公共卫生等领域引发了严重的恐慌。时间证明，暴力手段对于自然是无效的，今天是效果最好的杀虫剂，明天就可能让人失望透顶。所以，有识之士指出，我们需要花大力气研究的其他控制方法，必须是生物防治，而不是化学控制，我们需要的是谦卑的态度，而不是对科学盲目自负。


　　如果达尔文活到今天，他一定会感到兴奋和震惊，因为昆虫无比坚定地证明了适者生存理论的正确性。在密集化学药剂的重压之下，那些适应能力较弱的昆虫已经消失。如今，在很多地区只有身体强壮并且适应能力强的昆虫才能在化学药品之下生存下来。

　　大约在半个世纪之前，华盛顿州立大学的昆虫学教授梅兰德问了一个现在看来纯粹是修辞学的问题："昆虫会产生抗药性吗？"如果梅兰德不知道答案，或知道得较晚，那只是因为他问得太早——1914年，而不是四十年后。在DDT被使用之前，使用的无机化学药剂现在看来是适度的，却创造了能够适应药剂和药粉的多种昆虫。梅兰德也遇到过梨园蚧难题，多年来石硫合剂控制这种昆虫的效果令人满意。之后，在华盛顿的克拉克森林地区，这种昆虫开始变得难以管控——比起韦纳奇果园、雅基马山谷以及其他地区的此类昆虫，杀死它们要更加困难。

突然，全国各地的介壳虫好似醍醐灌顶（比喻灌输智慧，使人彻底醒悟）一般顿悟了：果农们慷慨勤奋地喷洒药剂之后，它们并不是非死不可。在中西部地区，几十平方千米到几百平方千米的优良果园被抗药昆虫彻底糟蹋了。

在加利福尼亚，用帆布把树罩起来，再用氢氰酸熏蒸这种历史悠久的方法也已经失效了。因此，加利福尼亚柑橘试验中心开始研究这个问题，这项研究从1915年开始一直持续了二十五年。在20世纪20年代，苹果卷叶蛾从抗药性中尝到了甜头，尽管在过去四十多年里，砷酸铅对它们的控制效果一直很好。

然而，只有在DDT及其同类化学药品出现之后，抗药性时代才真正来临。仅仅几年的时间，这个凶险的问题就出现了，稍微了解一点昆虫知识或者动物种群动态的人都不会感到惊讶。但是，人们对于昆虫抗药性的认识却来得非常缓慢。现在看来，只有那些关注传播疾病昆虫的人才完全明白当时的紧急情况；大多数农学家仍然乐观地指望发明新的、毒性更强的化学药品，而当前的困境正是由这种似是而非的推理造成的。

昆虫的抗药性却完全相反，发展得极其迅速。1945年之前，大约只有十二种昆虫对前DDT时代的杀虫剂有抗药性。随着新型有机化学药品的出现和大规模喷药的应用，昆虫抗药性迅速发展，到了1960年，已经有一百三十七种昆虫有了抗药性。没有人会认为这件事到此为止了。目前，关于这一方面已经发表了一千多篇的技术论文。世界卫生组织从世界各地召集了大约三百名科学家，宣布"抗药性是带菌昆虫防治面临的最重要问题"。英国著名的动物种群专家查尔斯·埃尔顿博士说："我们已经听到了大雪崩来临之前的轰鸣声。"

有时候，抗药性发展得如此之快，以至于用一种化学药品成功控制一种昆虫报告的墨迹还没干，就得紧接着发布修改版的报告。例如，在南非，牧场主们深受蓝扁虱的困扰，单在一个牧场，一年就有六百头牛命丧于蓝扁虱之手。多年来，蓝扁虱已经对含砷药剂产生了抗药性。后来人们又试用了六氯联苯，短时期内效果很好。1949年初发布的报告宣称，新的化学药品可以轻易控制蓝扁虱；但是当年晚些时候，又有公告称蓝扁虱已经对新的化学药品产生了抗药性。这一情况促使一位作家在1950年的《皮革贸易评论》杂志上写道："如果人们真正了解这件事的重要性，有关科学圈的秘闻和国外媒体的点滴报道足以像原子弹那样上头版头条。"

虽然昆虫的抗药性是农业和林业关注的问题，但在公共卫生领域也引发了严重的恐慌。昆虫与人类疾病之间的关系源远流长。疟蚊会向人体血液注射单细胞的疟疾病原体。其他蚊子还会传播黄热病，甚至传播马脑炎。家蝇虽然不叮人，但也会使人类食物感染痢疾杆菌，在世界上很多地区，家蝇还可能会传播眼病。疾病和昆虫携带者的名单包括：斑疹伤寒和虱子，鼠疫和鼠蚤，非洲睡眠病和舌蝇，各种发烧症状和扁虱，等等。

这些问题非常重要，必须抓紧解决。一个有责任心的人不会说可以对此听之任之。目前最迫切的问题是，明知这些方法会使情况变得更加糟糕，仍然采用这些办法是否明智或者负责任。人们听惯了控制带菌昆虫、战胜疾病的声音了，却很少了解故事的另一面——失败，胜利的短暂性有力地证明了我们的方法会使昆虫变得更加强大。

更糟糕的是，我们可能已经亲手破坏了战争的手段。加拿大一位著名的昆虫学家布朗博士受雇于世界卫生组织，全面调查抗药性问题。在1958年出版的专题著作中，布朗博士说："在公共健康计划中使用强力合成杀虫剂不到十年，出现的主要技术问题就是曾治理过的昆虫有了抗药性。"在出版这部专题著作时，世界卫生组织警告说："目前针对昆虫传播疾病（例如疟疾、斑疹伤寒、鼠疫）的积极行动正面临挫败的风险，除非新的问题得到迅速解决。"

挫败的程度如何呢？当今，抗药物种已经囊括了全部药物处理过的昆虫。很明显，黑蝇、沙蝇和舌蝇还没有产生抗药性。另外，在全球范围内，家蝇和虱子已经产生了抗药性。抗疟计划也受到了蚊子抗药性的威胁。东方鼠蚤——鼠疫的主要传播者，身上出现了最严重的问题——近来已经证明它们对DDT产生了抗药性。各大洲的国家和绝大多数岛国传出各种物种抗药性的报道不绝于耳。

意大利在1943年首次使用现代杀虫剂。当时，盟军政府把DDT洒向人群，成功地治愈了斑疹伤寒。两年后，为了控制疟蚊，各国又把剩余的药物喷洒完了。仅在一年之后，麻烦的征兆就出现了。家蝇和库蚊都产生了抗药性。作为DDT的补充，人们在1948年试用了新的化学药品——氯丹。这次，良好的控制效果持续了两年。到了1950年8月，抗氯丹苍蝇出现了；到了该年年底，所有的家蝇和库蚊都对氯丹产生了抗药性。抗药性的发展速度简直与新型化学药品的投入并驾齐驱。

到了1951年底，DDT、甲氧氯、氯丹、七氯和六氯联苯等化学药品功效尽失。而苍蝇却"多得出奇"。在20世纪40年代末，上述事件又在萨丁岛（意大利）重复上演。丹麦于1944年首次使用DDT，到了1947年，很多地方的苍蝇控制都失败了。在埃及一些地区，苍蝇早在1948年就产生了抗药性，之后人们使用BHC代替，但效果也只持续了不到一年。埃及的一个村庄就是这一问题的典型代表。1950年，杀虫剂防治苍蝇效果良好，在这一年中，婴儿的死亡率降低了近百分之五十。然而，到了第二年，苍蝇对DDT和氯丹就产生了抗药性。苍蝇恢复了之前的水平，婴儿死亡率也随之提高。

到了1948年，美国田纳西河谷的苍蝇已经对DDT普遍产生了抗药性。其他地区也毫不例外。后来，人们尝试了狄氏剂，但没什么效果，因为有些地区的苍蝇在两个月内就对这种化学药品产生了很强的抗药性。把氯化烃产品试用一遍之后，防控部门又把目光转向了有机磷，结果相同的故事又再次上演了。目前专家们的结论是："家蝇已经超出了杀虫剂的控制范围，需要从日常卫生着手。"

意大利那不勒斯的虱子防控是DDT最早、最值得称道的战绩之一。在几年之后的1945—1946年冬天，这一成绩终于不再形影相吊，因为DDT又成功控制了影响日本和韩国二百万人的虱子问题。1948年，西班牙斑疹伤寒防治的失败预示着困难即将来临。尽管在实际行动中遭受挫折，但是令人振奋的实验结果让昆虫学家相信：虱子不会产生抗药性。在1950—1951年冬天，韩国发生的事件着实令人吃惊不小。一批韩国士兵在使用了DDT药粉后，虱子反而更多了。把虱子收集起来检测后发现，百分之五的DDT并不能提高虱子自然死亡率。从东京的流浪者身上、板桥区的贫民窟以及叙利亚、约旦、埃及东部的难民营收集来的虱子经检测也证明DDT已经无法控制虱子和斑疹伤寒了。到了1957年，对DDT有抗药性的虱子已经扩展到了伊朗、土耳其、埃塞俄比亚、西非、南非、秘鲁、智利、法国、南斯拉夫、阿富汗、乌干达、墨西哥、坦噶尼喀，意大利曾经的胜利已经成为历史了。

对DDT产生抗药性的第一种疟蚊是希腊的萨氏按蚊。1946年的大规模喷药，效果不错。到了1949年，有人发现，在喷过药的家舍和牛棚里的蚊子不见了，但是路桥下却聚集了大量的成年蚊子。很快，它们的栖息地蔓延到洞穴、外屋、阴沟以及橘子树的叶子和树干上。很明显，成年蚊子已经对DDT产生了足够的抗药性，能够从喷药的建筑里逃出来，并在野外慢慢恢复。几个月后，家里的墙上又会出现蚊子。

这只是巨大灾难的前兆而已。疟蚊对杀虫剂的抗药性发展得非常快，这正是房屋彻底喷药的后果。在1956年，只有五种疟蚊有抗药性，到了1960年初，已经增加到了二十八种。其中包括西非、中东、中美、印度尼西亚和东欧地区等地的危险疟蚊。

传播其他疾病的蚊子也出现了同样的情况。一种热带蚊子身上带有一种寄生虫，能引起象皮肿等疾病，如今世界各地的这种蚊子都产生了抗药性。在美国一些地区，传播马脑炎的蚊子已经有了抗药性。而传播黄热病的蚊子更严重，几个世纪以来这种病一直是世界上的主要灾难。抗药的传播黄热病的蚊子在东南亚已经出现，而且在加勒比地区已经非常普遍。

世界上很多地方的报告证明了抗药性引起了疟疾和其他疾病。1954年，特立尼达岛上蚊子的抗药性使得控制计划失败，导致了黄热病的爆发。印度尼西亚和伊朗的疟疾也出现了恶化。在希腊、尼日利亚和利比里亚，蚊子仍在传播疟原虫。在佐治亚州，苍蝇控制计划暂时缓解了腹泻，但不到一年，取得的成果就毁于一旦。在埃及，这项计划暂时降低了急性结膜炎的发病率，但是这种方法到了1950年就失效了。

佛罗里达州的盐沼蚊也产生了抗药性，虽然不会影响人类健康，却造成了不小的经济损失。盐沼蚊不传播疾病，但是它们成群结队、密不透风，使佛罗里达大片沿海地区变得不适于人类居住，经过一番努力实现了短暂的控制之后，它们很快又恢复了原样。

很多地方的家蚊也出现了抗药性，所以很多社区定期大肆喷药的计划应该暂停一下了。如今，在意大利、以色列、日本、法国以及美国部分地区（加利福尼亚、俄亥俄、新泽西、马萨诸塞等地），家蚊已经对几种杀虫剂有了抗药性，包括使用最广泛的DDT。

还有一个问题就是扁虱。最近，传播斑疹热的木虱和褐色狗虱已经建立好了防御措施。这就给人类和狗出了一道难题。褐色狗虱是一种亚热带昆虫，它们来到遥远的北方，在新泽西州定居，冬天只能在温暖的室内度过。1959年夏天，美国自然历史博物馆的约翰·帕里斯特博士报告说："每栋公寓时不时地就会滋生大量幼虱，而且很难清除。狗可能会在中央公园偶尔沾上虱子，然后虱子在狗身上开始产卵，并在公寓里孵化。它们好像对DDT、氯丹以及大部分现代喷剂免疫。过去纽约市很少见到虱子，现在纽约市、长岛、维斯切斯特市直到康涅狄格州，到处都是虱子。在过去的五六年里，我们发现这种情况尤为明显。"

在北美大部分地区，德国蟑螂对氯丹产生了抗药性。这是过去灭虫人员最爱的武器，现在他们转而使用有机磷杀虫剂。然而，它们又对这些药剂产生了抗药性。这时，灭虫专家真的走投无路了。随着抗药性的发展，防治机构正轮番使用各种杀虫剂。尽管凭借科学家的聪明才智能够不断提供新的化学药品，但这并不是长久之计。布朗博士指出，我们正行进在一条"单行道"上。这条路有多长，无人知晓。如果我们还没有来得及控制带病昆虫却走到了路的尽头，那就真的危险了。

农业害虫的情况也如出一辙。最开始对非有机化学药剂有抗药性的昆虫大约有十二种，现在又增加了多种昆虫对DDT、BHC、林丹、毒杀芬、狄氏剂、艾氏剂以及寄予厚望的磷酸盐都产生了抗药性。在1960年，危害农作物的昆虫中产生抗药性的共有六十五种。

1951年，首次对DDT产生抗药性的农业昆虫在美国出现，这大约是首次使用DDT六年之后。现在有六种棉花昆虫，外加蓟马、蛀果蛾、叶蝉、毛虫、螨虫、蚜虫、铁线虫以及其他昆虫，都可以对漫天飞舞的农药视而不见了。

化工企业不愿面对抗药性的事实倒也可以理解，甚至到了1959年，在超过一百种昆虫产生明显抗药性的情况下，一家农业化工领域的权威期刊还在问"抗药性是真的还是想象出来的"。即使化工企业闭目塞听，但问题依然存在，而且它还带来了惨痛的经济损失。其中一个就是使用化学药品的成本不断增加。提前储存大量化学药品已经不现实了——今天还是效果最好的杀虫剂，明天就可能让人失望透顶。用于支持和推广杀虫剂的大量资金可能会打水漂，因为昆虫再一次证明了暴力手段对于自然是无效的。不管杀虫剂的研发和应用方法的更新速度有多快，人们发现昆虫总是领先一步……

即使达尔文也不可能发现比抗药性机制证明自然选择更有力的例子了。在原始的种群里，每只昆虫的身体结构、行为、生理机制都不一样，只有"强壮"的昆虫才能在化学攻击中存活下来。喷药只会杀死弱小的昆虫。幸存下来的昆虫具备一种与生俱来的特质，能够帮助它们抵御伤害。这些昆虫的后代通过遗传就轻易地获得了先辈们"强壮"的特质。使用强力化学药品使问题变得更加糟糕，无法避免地产生了这样的问题。几代之后，昆虫就不再是强弱混杂了，它们蜕变成了一个身体强壮的、抗药性强的种群。

昆虫抵御化学药品侵害的方式多种多样，但是人们还不太清楚其中的机制。据说一些昆虫具备结构优势来抵抗化学药品侵袭，但是并没有确凿的证据。从大量观察来看，一些昆虫确实具有免疫性，例如，布雷约博士在丹麦佛碧泉虫害防治研究所对苍蝇进行观察后说："它们在充满DDT的环境中从容嬉戏，就像原始社会的巫师在红红的炭火上跳舞一样。"

世界上其他地方也得出了类似的报告。在马来西亚吉隆坡，一开始蚊子会逃离喷了DDT的房间。随着抗药性的增强，它们又回来了，在它们停留的地方，借着手电筒的灯光可以清楚地看到DDT的残渣。在中国台湾南部的一个军营里，抗药臭虫身上居然带着DDT粉末爬来爬去。把这些臭虫包裹在浸染了DDT的布条里，它们可以存活一个月之久，它们还产了卵，幼虫竟然还茁壮成长起来。

　　但是，抗药特性不一定依赖身体构造。抗DDT苍蝇体内有一种酶，可以帮助苍蝇把DDT转变为毒性较弱的DDE。只有拥有抗DDT遗传基因的苍蝇体内才具有这种酶。这种基因当然也会随后代遗传下去。至于苍蝇和其他昆虫如何削弱有机磷化学药品的毒性就不太清楚了。

　　昆虫的某些行为也能避免与化学药品的接触。许多工人发现，抗药苍蝇更多停留在未喷药的平面，而不会落在喷药的墙上。它们习惯于停留在某个固定的地方，这样就大大减少了接触药物残留的概率。一些疟蚊的习性可以使它们完全避开与DDT的接触，这样就相当于获得了免疫性。一旦喷药受到刺激，它们就会离开室内，到户外生存。

　　一般来说，昆虫产生抗药性需要经过两到三年的时间，有时候仅需要一个季节，甚至更短。在另一种极端情况下，也可能需要的时间长达六年。一个昆虫种群一年内繁殖的后代数量也很重要，这取决于物种和气候等因素。例如，加拿大苍蝇产生抗药性的速度就比美国南部的苍蝇慢，因为美国南部漫长而炎热的夏季利于苍蝇的繁殖。

　　有时候，人们会满怀希冀地问："既然昆虫能够产生抗药性，那么人类呢？"理论上人类也可以，但是可能需要几百年，甚至几千年，所以对于现在的人类而言，远水解不了近渴。抗药性不是在某个个体身上产生的。如果一个人天生对毒素不敏感，他可能存活下来，繁衍后代。抗药性是一个群体经过几代甚至很多代才形成的。人类繁衍的速度是每世纪三代，而昆虫繁殖的周期是几天或几周。

　　"在某些情况下承受一点损失，要比失去战斗力而付出长期代价要合算得多"，布雷约博士在荷兰任植物保护局局长时说道："好的建议是喷得'越少越好'，而不是'尽力多喷'……害虫群体的压力越小越好。"

　　不幸的是，美国农业部并不认可这种观点。在农业部1952年的年鉴里，专门讨论了昆虫问题，承认了昆虫抗药性的事实，却认为"为了实现有效控制，需要使用更多的杀虫剂"。然而，农业部并没有告诉人们，当只剩下了把地球生命一扫而光的化学药品没有试用的时候，将会发生什么。1959年，就在农业部提出的建议仅仅七年后，《农业和食品化学》杂志引用了康涅狄格州的一位昆虫学家说过的话：对至少一两种昆虫有效的最后一种化学药品已经派上了用场。布雷约博士说：

再明显不过了，我们踏上了一条危险的道路……我们需要花大力气研究其他控制方法，必须是生物防治，而不是化学控制。我们应该十分谨慎地引导自然向我们需要的方向发展，而不是使用暴力……

我们需要更高层次的思维和更深刻的洞察力，但是多数研究人员却不具备这样的素质。生命是一个奇迹，超越了我们的理解，甚至在我们不得不与之为敌时，也要心存敬畏……诉诸武力，比如杀虫剂，充分证明了我们知识的匮乏和能力的不足，如果懂得如何引导自然发展，完全不必使用武力。我们需要的是谦卑的态度，而不是对科学盲目自负。

# 第十七章
DISHIQIZHANG

# 另一条路 [精读]

采用化学方法控制昆虫把我们卷进了愚蠢、可怖的风险中，使我们承受了太多的灾难。这些灾难告诉我们：我们必须通过全新的、富有想象力和创造力的方法来解决问题。譬如生物防治法，充分考虑各种生命的力量，使我们的防治工作向有利于人类的方向发展。

◎ 阅读理解

[1]哪两条路？这两条路就是化学防治和生物防治。

◎ 阅读理解

[2]明确了化学防治的危害。在惨痛的教训中幡然醒悟，接受教训，总结经验，开拓创新。

我们正站在两条路的交叉口。但是与罗伯特·弗罗斯特著名诗歌中的路不一样，这两条路并不全是阳关大道。我们长期以来一直行驶在一条具有欺骗性的路上，貌似平坦而舒适，但是灾难却在尽头对着我们虎视眈眈。而另一条"人迹罕至"的岔路，为我们保护地球提供了最后一个机会。[1]

归根结底，走哪条路最终取决于我们自己。在承受了这么多灾难后，我们终于获得了"知情权"，并且明白了我们被卷进了愚蠢、可怖的风险中，我们就不该再相信到处使用有毒化学药品的建议，而要四处寻找，看看还有没有其他道路对我们敞开大门。[2]

除了用化学方法控制昆虫外，还可以利用其他多种神奇的方法。其中有些已经应用，并取得了明显的效果。有的则处于实验阶段。还有一些存在于想象力丰富的科学家的头脑中，还没有进入实验领域。所有的方法都有一个共性：它们都是生物防治法，以对控制目标和整个生态的透彻了解为基础。生物领域的专家学者都参与进来，包括昆虫学家、病理学家、遗传学家、生理学家、生物化学家以及生态学家——所有的人都把自己的知识和灵感注入创建一门新的科学——生物防治学。[1]

约翰斯·霍普金斯大学的一位生物学家卡尔·斯旺森教授说："每门科学都可以看作一条河流，其源头隐约朦胧；时而平缓，时而湍急；有时干涸，有时高涨。研究人员的勤奋工作和众多思想支流的汇集，使河流势头逐渐迅猛；新的概念和理论逐渐产生，又使它得以拓宽、加深。"

现代意义的生物防治科学也是如此。一个世纪之前，为了消灭农业害虫，首次引进了这种昆虫的天敌，却给农民带来了困扰，这算是生物防治在美国的模糊起源。这门科学有时举步维艰，有时裹足不前，但在偶然的成功案例的促进下又能突飞猛进。20世纪40年代，应用昆虫学领域的研究人员被五花八门的杀虫剂弄得心迷意乱，最终他们抛弃了生物防治，走上了"化学控制"这台跑步机，生物防治科学从此进入了干涸时期。但是我们与没有昆虫的目标却渐行渐远。如今，人们终于彻底醒悟了，因为毫无顾忌地喷洒化学药剂对我们造成的伤害比昆虫更大。于是，生物防治之河又重新流动起来，新的思想也开始不断涌入。

一些新的方法非常诱人，试图让昆虫窝里斗——利用昆虫自身的力量来消灭同类。其中最令人叹为观止的是"雄蚊绝育"技术。这种方法是美国农业部昆虫研究所负责人爱德华·尼普林博士和他的同事共同研发的。[2]

大约在二十五年前，尼普林博士就提出了一个独特的防治方法，令同事们非常震惊。他提出，如果能让大量的

◎ 写作分析
[1]提出了生物防治法，并不惜笔墨——列出生物领域的专家学者，预示生物防治的可能性。

◎ 写作分析
[2]下文就采用举例子的方法具体说明"雄蚊绝育"的技术。

雄性昆虫绝育，然后放出去，在特定的条件下它们与野生雄性昆虫竞争并取胜，如此反复释放几次的话，昆虫排出的卵可能就无法孵化，这个物种就逐渐消失了。

官方对这个想法无动于衷，一些科学家也深表怀疑，但是这个想法却牢牢占据了尼普林的大脑。在实验之前，还有一个问题有待解决——必须找到一个绝育的可行方法。理论上，在1916年的时候，人们就知道了X射线可以造成昆虫绝育，当时，一名叫朗纳的昆虫学家发现了烟草甲虫这种绝育的现象。赫尔曼·穆勒用X射线引起突变的开创性研究开辟了在20世纪20年代后期生物防治思想的全新领域。到了20世纪中期，许多研究人员都报告了用X射线或γ射线使至少十二种昆虫绝育的情况。[1]

这些还只是实验，离实际应用还有很长的路程。大约在1950年，尼普林博士开始了艰苦的努力，试图用绝育技术解决困扰南部牲畜的一种害虫——螺旋蝇。这种苍蝇会把卵产在温血动物的伤口上。孵化出的幼虫以宿主的肉为生。一头成年肉用牛在十天内就会死于严重感染。美国每年的牲畜因此而遭受的损失高达四千万美元。野生动物的死亡数量更是多到无法估算。得克萨斯州一些地区的鹿群稀少就是螺旋蝇造成的。[2]螺旋蝇是一种热带或者亚热带昆虫，生活在美洲中南部、墨西哥以及美国西南部。大约在1933年，螺旋蝇意外地进入了佛罗里达州，那里的气候允许它们熬过冬季，并繁衍生息。它们甚至推进到了亚拉巴马州南部和佐治亚州，很快，美国东南部畜牧业的损失就上升到了每年二千万美元。

在过去很长一段时间里，得克萨斯州农业部的科学家们收集了大量有关螺旋蝇的生理特性的信息。到了1954年，在佛罗里达州的岛屿上进行了初步的野外实验后，尼普林博士

192

就把他的理论运用到大规模实验中去了。在荷兰政府的安排下，他去了离大陆足足有八十千米远的加勒比海库拉索岛。

从1954年8月开始，在佛罗里达州农业实验室培养并绝育的螺旋蝇被空运至库拉索岛，并以每周一千平方千米的速度投放。用于实验的山羊身上的卵立刻就减少了，同时卵的能育性也下降了。投放仅仅七周之后，所有的卵就不能孵化了。很快，一个卵团也找不到了。库拉索岛上的螺旋蝇被彻底消灭了。[1]

这项实验的巨大成功刺激了佛罗里达州的牧民，他们希望这种方法能消灭当地的螺旋蝇。但是困难相对较大——佛罗里达州的面积是库拉索岛的三百倍。1957年，美国农业部和佛罗里达州政府共同为清除计划提供资金。这项计划包括在一个特制的"苍蝇工厂"里每周生产五千万只螺旋蝇；二十架轻型飞机按预设的飞行模式每天飞行五六个小时，每架飞机上携带一千个纸盒，每个纸盒里装有二百到四百只绝育苍蝇。

1957—1958年冬天，天寒地冻，佛罗里达州北部气温很低，螺旋蝇种群被限制在狭小的区域内，为计划的实施提供了绝佳的机会。十七个月后计划完成了，总共有三十五亿只人工培养的、绝育的螺旋蝇被投放到佛罗里达全境以及佐治亚州和亚拉巴马州的部分地区。最后一只伤口感染螺旋蝇的动物发现于1959年2月。在之后的几个星期里，又有几只成年螺旋蝇落入陷阱。此后，螺旋蝇便销声匿迹了。东南部地区螺旋蝇的灭绝展现了科学创新的价值，其中细致的基础研究、毅力和决心也功不可没。[2]

如今，密西西比州修建了一条隔离网来防止螺旋蝇再次入侵。螺旋蝇在西南地区根深蒂固，因为那里地域广袤，另外螺旋蝇还可以从墨西哥重新进入，所以清除难度

◎ 阅读理解

[1]绝育的螺旋蝇与山羊身上的卵竞争，自然卵无优势，败下阵来，死亡。而战胜的螺旋蝇不能再产卵，自然山羊身上的卵少了。实验获得成功，从而使佛罗里达州灭蝇行动得以实施。

◎ 写作分析

[2]以简练的文字总结了这次行动成功的经验。比盲目地使用化学药品强多了，也更有意识了。

193

非常大。尽管如此，由于意义重大，农业部希望至少能把螺旋蝇控制在较低水平，得克萨斯州以及西南其他受害地区可能很快就开始实行这项计划……

消灭螺旋蝇的战役取得的辉煌胜利激起了人们对用相同的办法对付其他昆虫的极大兴趣。[1]也不是所有的昆虫都适合采用这种技术，是否适合很大程度上取决于昆虫的生活习性、种群密度和对辐射的反应。英国正在进行诸多实验，希望能用这种方法对付罗德西亚的采采蝇。这种昆虫在非洲三分之一的土地上肆虐，不仅对人类健康构成了威胁，而且妨碍了一千二百万平方千米草原上的畜牧业。采采蝇的习性与螺旋蝇截然不同，虽然辐射也可以使其绝育，但在应用之前还需要解决一部分技术难题。

英国已经测试了很多其他昆虫对辐射的敏感性。美国科学家通过夏威夷实验室的测试以及遥远的罗塔岛上的实地实验，获得了一些关于瓜实蝇以及东方和地中海果蝇的令人欣慰的阶段性成果。玉米螟和甘蔗螟虫也接受了测试。这些对人类影响较大的昆虫有可能都可以通过绝育技术实现控制。一位智利科学家指出，虽然使用了杀虫剂，疟蚊在智利依然存在；只有投放绝育雄蚊才可能给疟蚊致命一击。

辐射绝育困难重重，所以人们开始寻求其他效果类似的办法。现在，越来越多的人开始关注绝育剂。佛罗里达州的奥兰多农业实验室的科学家们在实验室里和野外把化学药剂掺入家蝇喜爱的食物中，以使它们不育。1961年，在佛罗里达群岛的一座小岛上，一个苍蝇群落在五周内就被彻底消灭了。[2]之后，由于附近岛屿上苍蝇的蔓延，蝇群得到了恢复，但是作为一项试验，此举无疑是成功的。不难理解，农业部一定会为这个方法兴奋不已。首先，正如我们所见，杀虫剂已经无法控制家蝇了。毫无疑问，我

◎ 写作分析

[1]由消灭螺旋蝇来谈对付其他昆虫，可以使读者对生物防治法有更全面的认识。消灭螺旋蝇的试点工作做得很成功，可以推广到对付其他昆虫。

◎ 阅读理解

[2]化学药剂可以减弱生物的繁殖能力，在前文中阐述过，甚至有可能使其绝育。科学家正是采用这种方法，使家蝇不育，进而进行同类竞争，两斗俱亡，人们的目的便达成了。

们迫切需要一个全新的控制方法。辐射绝育有一个问题，就是它不仅需要人工培养，而且投放的绝育雄蝇数量要远远超过野生雄蝇。螺旋蝇的数量不算多，因此可以实现投放。家蝇就不同了，投放会使其数量成倍增加，尽管只是暂时的，肯定也会遭到人们的反对。而把不育剂藏在诱饵里，然后放置在自然环境中，苍蝇吃了这种食物就会绝育，经过一段时间，不育苍蝇就会成为主宰，慢慢地它们就会自行灭绝了。

绝育剂试验效果的测试要比化学药剂的检测困难多了。评估一种化学绝育剂需要三十天，当然，可以同时进行多种实验。从1958年4月到1961年12月，奥兰多农业实验室对几百种化学药剂的绝育效果进行了筛选。

即使只挑选出几种有希望的药剂，农业部也感到很兴奋。现在，农业部的其他实验室也在研究这个问题，检测化学药剂在厩螫（shì）蝇、蚊子、棉籽象鼻虫以及各种果蝇身上的效果。目前所有的项目还处于试验阶段，但是这项工作在短短几年之内进展非常迅速。[1]在理论上，它还有很多吸引人的特性。尼普林博士指出"有效的绝育化学药剂很容易超越最好的杀虫剂"。想象一下，一个数量为一百万只的昆虫种群每过一代就增加五倍，杀虫剂能够杀死每代昆虫的百分之九十的话，三代过后还剩下十二万五千只。相比之下，能使百分之九十昆虫不育的化学药剂投入使用，经过相同时间后，只会剩下一百二十五只昆虫。[2]

从另一角度看，一些绝育剂属于强力化学药品。幸运的是，研究人员至少从一开始就十分注意选取安全的化学品和使用方法。尽管如此，还是有人建议从空中喷洒绝育剂——例如，在舞毒蛾幼虫破坏的叶子上喷药，在没有彻底研究其危害之前进行这样的尝试是极不负责任的。如果

◎ 阅读理解
[1]由从前热衷于化学药品到现在热衷于绝育防治，人类的科学意识在提高，对其更加理性和偏爱。

◎ 写作分析
[2]采用列数字、做比较的方法，表明使用绝育化学药剂的好处。

不把绝育剂的潜在危害铭记在心，我们很容易陷入比杀虫剂问题更糟糕的困境之中。[1]

现在进行测试的绝育剂分为两大类，它们的作用方式都很有趣。[2]第一类与细胞的新陈代谢有关，它们与细胞或者组织所需要的物质非常像，以至于生物体会把它们"误认为"是真正的代谢物，从而把它们纳入正常的生长过程。但是在细节上就会出现一些问题，导致生长过程陷于停滞。这种化学物质叫作抗代谢物。

第二类物质是作用于染色体的化学药品，它们可能对基因的化学成分产生影响，从而导致染色体断裂。这类绝育剂属于烷化剂，是一种反应强烈的化学物质，它能严重破坏细胞、损伤染色体、引发突变。伦敦切斯特·比蒂研究院的皮特·亚历山大博士认为："所有能使昆虫绝育的烷化剂都可能是强力诱变剂和致癌物质。"亚历山大博士感觉，设想一下这些化学物质如果用于昆虫防治的话，肯定会遭到最激烈的反对。因此，我们希望通过实验不仅能够找到这些化学药品的实际用途，还能发现其他安全的、更有针对性的化学药剂……

目前所进行的研究中，一些项目颇为有趣，就是利用昆虫的某些习性制造对付它们的武器。昆虫自身会产生各种毒液、引诱剂、驱斥剂。这些分泌物有怎样的化学性质呢？我们能把它们用作特定的杀虫剂吗？康奈尔大学以及其他地方的科学家正在研究昆虫的防御机制和其分泌物的化学结构，试图找到问题的答案。另外一些科学家正在研究所谓的"保幼激素"，这是一种强力物质，能够保证幼虫到了一定阶段才会发生变化。

引诱剂的发明可能是对昆虫分泌物最直接、最有用的探索结果。[3]这一次，又是自然为我们指明了方向。舞毒蛾就是一个很有趣的例子。雌蛾身体过重，飞不起来。它只能在地面或者接近地面的地方生活，它们在低矮的植被里活动，或者在树干上爬行。相反，雄蛾飞行能力很强，它们会被雌蛾的特殊腺体释放的一种气味吸引，甚至会从很远的地方飞来。多年来，昆虫学家一直利用舞毒蛾的这种习性，不辞辛苦地从雌蛾体内提取这种性引诱剂，然后在昆虫分布的边缘地带使用，来调查昆虫的数量。但是这一方法花费不菲。尽管东北部各州都有虫害现象，但是并没有足够的雌舞毒蛾来提取引诱剂，因此不得不从欧洲进口人工收集的雌蛹，有时候这种雌蛹的成本高达五十美分。经过多年的努力，农业部的化学家近年来成功分离出了这种引诱剂，这是一大突破。由于这一发现，科学家们成功地用海狸油成分制成了合成材料，它与天然引诱剂效果一样，足以骗过雄蛾。[1]

每个捕虫器中只需一微克（百万分之一克）就足够了。这远远超出了学术意义，因为这种全新的、经济的"引诱剂"不仅可以用于昆虫调查，还可以用于昆虫防治。现在，人们正在对引诱剂的几种更诱人的潜在用途进行研究。在这种叫作心理战的实验中，在一种颗粒材料中加入引诱剂，从飞机上洒下。这样做的目的是迷惑雄蛾，使其改变正常行为，在到处弥漫的气味中找不到雌蛾。有的实验是引诱雄蛾与假雌蛾交配，使用的也是这种方法。在实验室中，只需用引诱剂恰当地浸染一些小物品，就能引诱雄蛾与小木片、蛭石以及其他无生命的小物品交配。这种误导舞毒蛾交配的方法是否能减少昆虫的数量还不得而知，但这种可能性非常有意思。[2]

舞毒蛾引诱剂是首例人工合成的性引诱剂，可能很快就会有其他引诱剂研制出来。科学家们正在研究适用于各

◎ 阅读理解

[1]功夫不负有心人，科学家们经过千辛万苦，终于大功告成，令人振奋。这也告诉我们：世上无难事，只要肯登攀。

◎ 阅读理解

[2]通过设置重重假象，成功骗过了雄蛾，实现了人类的目的，实验很有趣，又具有一定的可执行性。

种农业害虫的人工引诱剂。其中，黑森瘿蚊和烟草天蛾的实验效果令人振奋。人们正尝试着把引诱剂和毒剂结合起来对付一些昆虫。政府机构的科学家研制出了一种叫作"甲基丁香酚"的引诱剂，东方果蝇和瓜实蝇会对此情不自禁。人们把这种引诱剂与一种毒素相结合，在距离日本南部七百二十千米的小笠原群岛进行了实验。用这两种物质浸染纤维板细片，然后用飞机撒遍整个群岛来捕杀雄蝇。这项"捕杀雄蝇"的计划开始于1960年。一年之后，农业部估算百分之九十九的昆虫被消灭了。这种做法明显优于使用传统的杀虫剂。在这一过程中所使用的有机磷毒素只存在于纤维板上，不会被野生动物吃掉。此外，残留物消散迅速，不会对土壤和水源造成污染。[1]

但是昆虫间的交流并不是完全凭着吸引或者排斥的气味实现的。几种雄蛾能够听到蝙蝠飞行时发出的超声波（像雷达系统一样在夜间导航），从而避免被捕食。一些叶蜂幼虫听到寄生蝇拍动翅膀的声音后，会挤成一团保护自己。另外，钻木昆虫振翅的声音也会使寄生虫找到它们；对于雄蚊而言，雌蚊拍翅就是唱情歌来引诱它。

我们能利用昆虫探测声音和对此做出反应的能力做些什么呢？[2]虽然处于试验阶段，但是反复播放雌蚊拍翅的声音成功地吸引了雄蚊，这令人十分感兴趣。雄蚊被引诱到一张电网上丧了命。加拿大正在试验超声波的趋避效应，以对付玉米螟和夜蛾。夏威夷大学两位研究动物声音的权威人士休伯特·弗林斯教授和马博·弗林斯教授相信，只要找到正确的方法，就可以利用现有的昆虫接发声音的知识来影响野外昆虫的行为。趋避声音可能比引诱声音的实用前景更光明。他们发现，八哥听到同伴痛苦的尖叫声会四散逃离，这个发现使两位教授闻名遐迩。可以将

◎ 阅读理解
[1]这种方法比使用传统杀虫剂好多了，技术先进，针对性强，污染小，对其他生物危害小，效率高，是值得推广的一种方法。

◎ 写作分析
[2]利用昆虫探测声音和对此做出反应的能力防治昆虫，继续拓展内容，进一步加深了对生物防治法的理解。

这个发现应用于昆虫防治方面。而对于工业领域的实干家而言，这一发现可是货真价实，至少已经有一家大型电子公司准备设立实验室进行试验了。

声音也可以用来直接杀死昆虫。超声波可以杀死实验槽里所有的蚊子幼虫，但也能杀死其他水生动物。在其他实验中，空气中的超声波几秒内就可以杀死丽蝇、粉虱以及黄热病蚊子。所有这些实验还只是迈向全新昆虫防治理念的第一步，将来神奇的电子学可能会把这一切都变成现实……[1]

新生的生物防治法并不限于电子学、γ射线和人类的其他发明。有的方法由来已久，它们的原理是：跟我们一样，昆虫也会得病。就像古代的瘟疫一样，细菌感染也能摧毁整个昆虫种群；在病毒的攻击下，大批昆虫会患病并死去。早在亚里士多德时代之前，人们就知道昆虫也会患病；中世纪诗歌中就记载了桑蚕患病的事例。通过对这一物种疾病的研究，巴斯德在人类历史上首次发现了传染病的原理。

困扰昆虫的不仅包括病毒和细菌，还有真菌、原生动物、微型蠕虫以及其他有益的微小生物。微生物不只是病原体，有的还可以处理废物，使土壤更加肥沃，而且能够进入无数的生物代谢过程，例如发酵和硝化作用等。为什么不让它们帮我们控制昆虫呢？[2]

19世纪的动物学家艾利·梅契尼科夫是第一个想到利用微生物的人。[3]在19世纪最后十年和20世纪前半叶，微生物防治的理念逐渐成形。20世纪30年代末，利用乳白病治理日本甲虫证明了我们可以在其环境中引入一种疾病来控制它们，而这种疾病是由芽孢杆菌引起的。我在第七章已经提过，这一经典案例在美国东部有着悠久的历史。

◎ 阅读理解

[1]在防治昆虫的道路上，人类的技术不断更新，越来越科学与理性，效率越来越高，未来的前景令人憧憬。

◎ 阅读理解

[2]生物防治的方法有很多，这样写可以拓宽人们的思路。

◎ 阅读理解

[3]介绍利用微生物进行生物防治。

199

现在，人们对苏云金杆菌的实验寄予厚望。1911年，在德国图林根省，人们发现这种细菌会导致面粉蛾幼虫患上致命的白血病。实际上，这种细菌的杀伤力来源于毒性，而不是疾病。在这种细菌的植物性枝芽中，形成了芽孢和一种由蛋白质构成的特殊晶体物质，而这种蛋白质物质对一些昆虫有很强的毒性，尤其是像蛾一样的鳞翅目昆虫。幼虫吃了带有这种毒素的叶子后，会出现麻痹、无法进食的症状，很快就会死去。从实际看来，停止进食对庄稼大有利处和好处，因为只要投放了这种病菌，昆虫就会立刻停止对庄稼的破坏。[1]现在，美国的几个公司正在生产不同品牌的苏云金杆菌芽孢化合物。几个国家正在进行实地测试：法国和德国测试菜粉蝶的幼虫，南斯拉夫检测美国白蛾，苏联检验天幕毛虫。在巴拿马，试验始于1961年，这种细菌杀虫剂可能会解决当地香蕉种植户所面临的严重问题。那里的根蛀虫对香蕉树危害严重，它们破坏树根，使香蕉树很容易被风吹倒。狄氏剂曾是对付根蛀虫唯一有效的化学药剂，但是现在它却导致了一系列灾难的发生。根蛀虫产生了抗药性。狄氏剂还毒死了一些重要的猎食性昆虫，从而引发一种体形短小精悍的昆虫——卷叶蛾的数量不断增加，其幼虫会在香蕉表面留下疤痕。我们有理由相信，新型细菌杀虫剂会在维系自然平衡的前提下消灭卷叶蛾和根蛀虫。[2]

在加拿大和美国东部林区，细菌杀虫剂可能是对付蚜虫和舞毒蛾等森林害虫的重要武器。[3]1960年，两国都使用了苏云金杆菌商业制剂进行了实地试验。初期的结果就使人深受鼓舞。例如，在佛蒙特州，细菌防治的效果丝毫不逊色于DDT。目前，主要的技术问题是找到一种溶液，用它把芽孢粘在常绿树木的针叶上。庄稼不存在这一问

◎ 阅读理解

[1]病菌的特性抑制了面粉蛾幼虫对庄稼的横行，从而保护了庄稼。

◎ 写作分析

[2]将化学药剂和细菌杀虫剂进行对比，体现了化学药剂的劣势，突出了微生物杀虫剂的优势。

◎ 阅读理解

[3]人们将细菌杀虫剂投入到了实践中。

题，甚至可以使用药粉。人们已经在各种蔬菜上对细菌杀虫剂进行了试验，尤其是在加利福尼亚。

与此同时，另外一个不那么引人瞩目的是关于病毒的研究。在加利福尼亚，苜蓿苗上喷了一种物质，这种物质与杀虫剂一样可以杀死苜蓿毛虫。这种溶液含有毛虫尸体的病毒，而毛虫正是感染了这种致命的病毒才死的。只需要五只患病的毛虫就可以提取足够的病毒治理四千平方米地区的苜蓿。[1]在加拿大一些林区，一种病毒可以有效地控制松树叶蜂，它已经取代了杀虫剂。

捷克斯洛伐克的科学家正在试验用原生生物对付结网毛虫及其他害虫。在美国，人们发现了一种原生生物寄生虫可以降低玉米螟产卵的能力。提到细菌杀虫剂，有人会想到滥杀无辜的细菌战。但事实并非如此。与化学药品不同，昆虫病原体只针对昆虫才发挥作用。[2]昆虫病理学的权威人士爱德华·斯坦豪斯博士强调："无论是在实验室，还是在自然界，都没有发生昆虫病原体导致脊椎动物患病的确凿案例。"

昆虫病原体针对性很强，只会影响几种昆虫——有时候只影响一种。从生物学上讲，它们不会引起高级动物或植物患病。斯坦豪斯博士还指出，自然界中昆虫的疾病只影响某些特定种类的昆虫，而不会危及宿主植物或捕食性动物。

昆虫有很多天敌，有各种微生物，还有其他昆虫。[3]艾拉斯姆斯·达尔文大约在1800年首次提出了可以增加昆虫的天敌来抑制某种昆虫的建议。这可能是最早的生物防治措施，一般人们会认为这是替代化学药品的唯一方法。在美国，传统的生物防治始于1888年，其标志是在这一年，昆虫探险家的先驱艾伯特·科贝利前往澳大利亚寻找吹绵蚧（jiè）的天敌，因为它们给加利福尼亚州柑橘产业带来了

◎ 阅读理解

[1]介绍关于病毒的研究。列举苜蓿毛虫的例子，说明同类之间的病毒感染是达到消灭害虫目的的一种方法。

◎ 阅读理解

[2]介绍用原生生物进行生物防治。说出了一个特点，即昆虫病原体只对相应昆虫发挥作用，针对性强。

◎ 写作分析

[3]介绍用其他昆虫进行生物防治。至此已介绍了许多生物防治的方法，层次感强，逻辑清晰、流畅。

严重的威胁。我们在第十五章已经提到，这项计划取得了巨大成功，在此后的一个世纪里，美国人开始在世界上到处寻找昆虫天敌来控制一些不速之客。在美国，一共大约有一百种引进的猎食性昆虫和寄生虫存活了下来。除了科贝利引进的澳洲瓢虫外，引进的其他昆虫也取得了良好的效果。一种从日本引进的黄蜂完全控制了侵袭东部果园的某种昆虫。一些意外从中东引进的斑点苜蓿蚜虫的天敌拯救了加利福尼亚州的苜蓿产业。就像细腰蜂对日本甲虫的控制一样，寄生虫和猎食性昆虫也对舞毒蛾实现了有效抑制。据估算，对介壳虫和粉蚧的生物防治每年可以为加利福尼亚州节省数百万美元。加利福尼亚州著名的昆虫学家保罗·德巴赫估计，在加利福尼亚州四百万美元的生物防治产生的效益高达一亿美元。[1]

在世界各地大约有四十个国家成功地运用这种方法控制了害虫。与化学药品相比，生物防治优势明显：它成本低廉，一劳永逸，无任何残留。然而，生物防治得到的支持却寥若晨星。加利福尼亚州是唯一一个有正式生物防治计划的地区，而很多州居然连一个热衷于此项计划的昆虫学家都没有。也许利用昆虫天敌实现生物防治在科学上还欠缺严密性——他们对被捕食昆虫种群的影响没有做过仔细研究，投放数量也不精确，而投放数量是成败的决定性因素。[2]

猎食性昆虫和被捕食的昆虫并不是简单的映射关系，它们共处于同一个生态系统中，因而要考虑所有的因素。传统的生物防治方法可能最适用于林区。高度人工化的现代农场与大自然的性质迥然不同。但森林不一样，更接近于自然环境。这里只需要人类蜻蜓点水式地帮点小忙，大自然就可以自由发挥，创造出神奇而复杂的制衡体系，从而免受昆虫的过度侵害。

在美国，我们的林业人员好像只想到了引进寄生虫和猎食性昆虫的生物防治方法。加拿大人的思路更为开阔，而欧洲人最先进，他们把"森林保健学"发挥到了极致。在欧洲林务员眼里，鸟类、蚂蚁、森林蜘蛛以及土壤中的细菌跟树木一样，都是其中的一部分，他们在对一片新的森林进行防治的时候，会考虑这些保护性因素。第一步就是帮助鸟类生存。在森林集约发展的今天，老的空心树已经荡然无存，因而啄木鸟和其他以树为家的鸟类就失去了家园。这个问题可以用鸟箱来解决，这样就把鸟儿带回了森林。也有专门为猫头鹰和蝙蝠设计的箱子。这样，它们就可以接小鸟的白班，在晚上继续捕食昆虫。[1]

但这还只是开始。欧洲林区一些别致的控制计划利用了森林红蚁作为猎食性昆虫——不过很可惜，在北美并没有这种蚂蚁。大约在二十五年前，维尔茨堡大学的教授卡尔·格斯瓦尔德发现了培育蚁群的方法。在他的指导下，联邦德国的九十个测试点培育了一万多个红蚁群。意大利以及其他国家也采用了格斯瓦尔德教授的方法，他们纷纷建立起蚂蚁农场，供给森林投放使用。比如，在亚平宁山脉，人们已经培育了数百个蚁群，以保护新造的林区。

德国莫恩市的林务官海因茨·鲁佩兹舍芬博士说："如果有鸟类和蚂蚁保护森林，还有蝙蝠和猫头鹰，说明生态平衡已经得到了改善。"他认为，为森林引进单一猎食性昆虫或者寄生虫不如各种"天然伙伴"更有效。

莫恩市林区新建的蚁群用铁丝网保护起来了，以免啄木鸟啄食它们。在一些实验区，啄木鸟的数量在过去十年里增长了四倍，用这种方法可以避免蚁群遭受重创，还能使啄木鸟专心对付森林里的毛毛虫。大部分照料蚁群（还有鸟箱）的工作由当地学校十至十四岁的孩子承担。其实成本非常低，而对森林的保护却是永恒的。[2]

◎ 阅读理解

[1]他们尊重自然，尊重鸟类和植物等，并懂得在恰当的时候合理地帮助它们，无论是保健意识、环保意识，还是严谨而又合理的科学精神，都是值得我们学习的。

◎ 阅读理解

[2]用具体事实介绍生物防治法的好处。成本低，保护效果好，取之于自然，用之于自然。

203

在鲁佩兹舍芬博士的工作中，另一个有趣的事就是对蜘蛛的利用，在这方面他可能是开山鼻祖。关于蜘蛛的分类和历史虽然有大量的文献，但都零零散散、残缺不全，根本没有考虑它们在生物防治方面的价值。在已知的二万二千种蜘蛛中，有七百六十种生活在德国（美国约有两千种）。德国的森林里有二十九个蜘蛛种族。

对于林务人员而言，蜘蛛最重要的一个特征就是它所织的网。轮网蛛是最重要的，因为它们织的网最细密，可以捕捉任何飞行昆虫。十字蜘蛛织的一张大网上（直径为四十厘米），大约有十二万个黏性网结。一只蜘蛛在它十八个月的生命中能消灭二千只昆虫。在一个生物齐全的森林里，每平方米有五十到一百五十只蜘蛛。如果少于这个数目，可以收集和投放卵囊来弥补不足。鲁佩兹舍芬博士说：“三只横纹金蛛（美国也有）的卵囊可以孵化一千只蜘蛛，共可捕食二十万只昆虫。” [1]在春天出现的轮网蛛的弱小幼虫尤其重要，他提到，“因为它们在树枝顶端织网，这样就使嫩芽免受侵害”。随着蜘蛛不断脱毛长大，网也逐渐变大了。

加拿大的科学家也采取了相似的调查路线，尽管北美地区的森林多是天然形成的，而不是人工种植的，而且使之保持健康的物种也不一样。加拿大人更重视小型哺乳动物，它们在昆虫防治方面的作用十分突出，尤其在防治那些生活在林地松软土层里的昆虫方面，效果很好。其中有种昆虫叫叶蜂，其得名是因为雌叶蜂长着一个锯齿状的产卵管，它会先用锯齿状的产卵管把常青树木的针叶割开，然后把卵注入针叶内。[2]孵化的幼虫最终会掉落在腐殖土上或者云杉和松树下的土层上，形成茧。但是在地面之下就是小型动物的各种隧道，它们形成了蜂巢状的世界，

◎ 写作分析

[1]使用列数据的方法说明，论据确凿，可实施性强，为我们普及了新鲜的科普知识。

◎ 写作分析

[2]为我们普及了昆虫知识，描述的叶蜂形象栩栩如生。产卵、注卵的画面感强，如在眼前，令人回味。

这些动物包括白足鼠、鼹（xī）鼠以及各种鼩（qú）鼱（jīng）。贪吃的鼩鼱总能找到并吃掉最多的叶蜂茧。它们会把一只前足搭在茧上，从底部开始咀嚼，它们感觉灵敏，能准确判断是空茧还是实茧。它们拥有无与伦比的胃口。一只鼹鼠一天可以吃掉二百个蜂茧，而一只鼩鼱可以吞食八百个！根据实验结果，这可能会使百分之七十五至百分之九十八的蜂茧被吃掉。[1]

不难理解，纽芬兰岛上由于没有鼩鼱，饱受叶蜂的困扰，当地对于这些精悍高效的小动物翘首以盼，所以他们在1958年尝试引进了最有效的叶蜂捕食者——普通鼩鼱。1962年，加拿大官方宣布，这一尝试获得了成功。普通鼩鼱在岛上繁殖并扩散开来，人们在离投放点十六千米的地方发现了一些标记过的鼩鼱。

对于想维持和加强森林自然生态的林业人员来说，全套武器已经准备妥当。化学防治顶多也就是权宜之计，没有任何实际效果，还杀死了河中的鱼儿，毁灭了益虫，破坏了自然生态和即将进行的生物控制。鲁佩兹舍芬博士说："森林中相互依存的关系被打破了，寄生虫灾害的间隔时间也越来越短……所以，我们必须在最重要的也可能是最后的自然之地上停止人为控制。"

通过这些全新的、富有想象力和创造力的方法来解决我们与其他生物共享地球的问题，一个主题变得日渐清晰——我们如何对待其他生命，包括生物种群、它们的压力与反压力以及它们的繁荣与衰败。只有充分考虑各种生命的力量，并谨慎地引导向有利于人类的方向发展，我们与昆虫才能和谐共存。[2]

使用毒剂大行其道，这种做法没有考虑这些最基本的因素。就像穴居人挥舞的原始大棒一样，化学药品像子弹

◎ 阅读理解
[1]人类不用过度干涉，万物自然相生相克，各自生灭，生态系统也趋于稳定。各种鼠类为控制叶蝇数量立了大功！

◎ 阅读理解
[2]把病虫害防治提高到对生命的认识之上，摆脱了人类自我主义和中心主义。人类只有充分认识自然、利用自然、尊重和顺应自然，才能使自然有利于人类发展，达到"天人合一"的人与自然相处的最佳状态。

[1]文章末尾进行了总结：使用毒剂充满野蛮的暴力，使用化学药品往往反映出人们的无知、冷酷、妄为与自大。昆虫学的观念和做法很早，但若不正确看待它，人类的科学武器越先进，对自然的杀伤力便越大。最后作者对此流露出深深的担忧。我们应懂得珍惜、保护、热爱地球，让它变得更加蓬勃而美丽！

一般射向了各种生命。从一方面看，生命极其脆弱，很容易被破坏；从另一方面看，生命又有神奇的韧性和恢复能力，能用出人意料的方式进行反击。化学防控人员在执行任务时毫无"高尚的目标"可言，面对自然的强大力量也没有一丝谦卑，他们完全无视生命的超常能力。"控制自然"这个词产生于生物学和哲学的原始阶段，它是人类孤傲自负的写照，当时人们认为自然只是为人类提供便利的。经济昆虫学的观念和做法大都可以追溯到石器时代的科学。如此原始的科学却被最先进、最可怕的武器武装起来，对付昆虫的同时也在毁灭地球，这样的不幸使我们担忧不已。[1]

## 美文赏析

　　本章谈了生物防治的方法，使用了多种修辞手法来说明，如把化学防治和生物防治比作两条路，把化学控制比作跑步机等，使用的是比喻手法；"灾难却在尽头对着我们虎视眈眈"使用的是比拟的手法；还有多处使用了引用的手法，引用有趣、权威的观点，增强了说服力。另外，文章还善于使用有趣的例子，如舞毒蛾的习性、对蜘蛛的利用等，也大大加强了文章的可读性。

## 回顾训练

1. 填空。

（1）文中说，"我们正站在两条路的交叉口"。这两条路是指_____和_____。

（2）生物防治法就是_____。

2. 判断。

（1）人类可以通过绝育技术实现控制玉米螟和甘蔗螟虫这些昆虫。（　　）

（2）生物防治虽然成本低廉、一劳永逸、无任何残留，但支持者很少。（　　）

3. 为什么人们反对利用辐射绝育法来控制家蝇，而接纳用绝育剂来控制家蝇？

# 新题预测

## 一、填空题

1. 蕾切尔·卡森是_____科普作家。她的作品《_____》获得美国国家科学技术图书奖和伯洛兹自然科学图书奖。后来她做了杀虫剂破坏生态的大量调查，出版了《_____》一书，这本书引起了人们对化学药品问题的关注，唤起了人们的环保意识。

2. 蕾切尔·卡森创作《寂静的春天》是由于朋友的一封信，信中谈到州政府租用的一架飞机为消灭蚊子喷洒了_____，导致许多鸟儿都死了，这让蕾切尔·卡森感到十分震惊。

3. 《寂静的春天》于1962年在美国问世时，是一本很有争议的书，标志着人类首次关注_____。它那惊世骇俗的关于_____危害人类环境的预言，不仅受到与之利害攸关的生产与经济部门的猛烈抨击，而且强烈地震撼了广大民众。

4. 在_____神话中，女巫美狄亚因自己的丈夫伊阿宋移情别恋而勃然大怒，因此，她送给了伊阿宋的新欢一条施了魔法的长袍。新娘子穿上长袍后随即暴毙。

5. 《寂静的春天》把大部分药剂划归为两个化学药品门类：一类是以_____为代表的"氯化烃"；另一类包含各种_____的杀虫剂，以较为常见的马拉硫磷和对硫磷为代表。它们都有一个共同点，即以碳原子为基础，这是生物不可或缺的基本成分，因而称为"_____"。

## 二、选择题

6. 在屋檐下的水槽里和房顶的瓦片之间，还隐约地能看出（　　）着一层白色的粉粒。

A. 敷　　　　　B. 粘　　　　　C. 蒙　　　　　D. 堆

7. 地球上物种的进化和演变经历了亿万年的时间，在这一过程中，它们（　　）适应了周围的环境，并与之和谐相处。

A. 逐步　　　　B. 慢慢　　　　C. 很快　　　　D. 逐渐

8. 作者认为，控制必须结合实际，不能基于毫无根据的（　　），也不要使用那些连同我们跟害虫一起毁灭的方法。

A. 想象　　　　B. 理想　　　　C. 臆想　　　　D. 幻想

207

9. 无论任何地方，在水中使用杀虫剂（　　）会污染水质。

    A. 可能　　　　　　B. 必定　　　　　　C. 大概　　　　　　D. 肯定

10. 在河床的碎石上，云杉、香脂树、铁杉和松树构成了巨大的针叶林区，为鲑鱼产卵提供了（　　）的环境。

    A. 幽美　　　　　　B. 安静　　　　　　C. 适宜　　　　　　D. 简陋

11. 下列词语中加点的字读音有错误的一项是（　　）。

    A. 啮齿（niè）　　　　牲畜（chù）　　　　拨弄（nóng）

    B. 弄堂（lòng）　　　栖居（qī）　　　　漂浮（piāo）

    C. 急躁（zào）　　　螺旋（luó）　　　　覆盖（fù）

    D. 骨骼（gé）　　　　隐秘（mì）　　　　瞬间（shùn）

12. 下列词语中加点的字，读音全都正确的一组是（　　）。

    A. 曲折（qǔ）　　　场院（chǎng）　　　栖居（qī）　　　骨骼（gé）

    B. 步履（lǚ）　　　商贾（gǔ）　　　　怃然（fǔ）　　　妍媸毕露（chī）

    C. 惶悚（sǒng）　　编纂（zuǎn）　　　牲畜（chù）　　　硝烟弥漫（mí）

    D. 忖度（cǔn）　　　欢谑（xuè）　　　徘徊（huí）　　　怙恶不悛（gū）

13. 下列各句中，加点的成语使用不恰当的一句是（　　）。

    A. 陕西的剪纸粗犷朴实，简练夸张，同江南一带剪纸细致工整的风格相比，真是半斤八两，各有千秋。

    B. 时下，田园风光游、农家乐等乡村旅游很流行，这满足了人们走近自然、返璞归真的愿望。

    C. 这部电视剧虽然遭到了一些人的尖锐批评和指责，但是批评者认为，作者的创作动机是无可厚非的。

    D. 美国作家欧·亨利具有超群的才华和丰富的想象力，其小说的结尾往往别出心裁，令人匪夷所思。

14. 依次填入下列各句横线处的词语，恰当的一组是（　　）。

    药物使用的整个_____过程似乎卷入了一个永无终点的螺旋。自从滴滴涕被允许民用以来，逐步升级的过程便开始了，人们得不断寻找更有毒性的物质。这是因为作为对达尔文适者生存原理的绝好证明，昆虫已_____出对人们使用的某一杀虫药具有抗药性的超级品种，于是人们_____发明一种更毒的药剂，接着又_____一种比这种药剂更毒的药剂。

    A. 发明　　　　演变　　　　必须　　　　发现

    B. 发明　　　　演化　　　　必需　　　　发现

    C. 发展　　　　演变　　　　必需　　　　发明

D. 发展　　　演化　　　必须　　　发明

15. 下列语句中，没有语病的一句是（　　　）。

A. 加快西部地区发展的步伐，除了要尽力争取国内外投资，建设好基础设施，努力发展高新科技产业之外，做好节水农业，办好乡镇企业，也是能否发展西部经济的一条重要途径。

B. 经过几个世纪发展建立起来的古典芭蕾舞体系能够最大限度地体现舞蹈动作的技巧性、表现力和协调性，培养演员的悟性。

C. 科学工作者需要有开阔的心胸，就是和与自己学术观点不一样的同行也应坦诚相待，精诚合作。

D. 只有走以最有效地利用资源和保护环境为基础的循环经济之路，就能提高人民的生活水平和质量。这是可持续发展的终极目标。

**三、判断题**

16.《寂静的春天》被翻译成三十二种文字在世界各国出版发行。　　　　（　　　）

17. 杀虫剂的主要成分是苯。　　　　　　　　　　　　　　　　　　　　（　　　）

18. 有一些除草剂属于"突变剂"，是因为这些除草剂能够改变遗传物质——基因。
　　　　　　　　　　　　　　　　　　　　　　　　　　　　　　　　　　（　　　）

19. 一些土壤生物由于杀虫剂的使用数量减少，而另一些生物的数量会减少，从而破坏捕食关系。　　　　　　　　　　　　　　　　　　　　　　　（　　　）

20. 产生能量的重要工作是在全身的细胞中进行的，器官不能完成这个工作。
　　　　　　　　　　　　　　　　　　　　　　　　　　　　　　　　　　（　　　）

**四、语段阅读**

（一）

①在过去四分之一的世纪里，这种能力不仅增长到了令人不安的程度，而且有了本质上的变化。相比起来，最令人担忧的是人类对环境的侵袭。空气、土地、河流和海洋都受到了严重的甚至致命的污染，这种污染在很大程度上是难以恢复的，它所引起的一连串的负面效应在很大程度上是不可逆转的，它们不仅出现在孕育生命的外部世界，而且进入生物的内部组织。在对环境的普遍污染中，化学药品危害很大，甚至与辐射不相上下，只是我们知之甚少。在核爆炸中所释放的锶-90，会随着雨水或以飞尘的形式降落到地面，进入土壤，然后被草、谷物和小麦吸收，最终在人的骨骼中安营扎寨，直至其死亡。同样，喷洒在农田、森林和花园的农药，长期存在于土壤里，然后进入生物体内，引起动植物的中毒和死亡，并在食物链中不断迁移；或者在地下水中潜伏游荡，等它们再度出现时，通过空气和阳光的作用，结合形成新的化合物。这

种新物质会毁坏植被，导致动物患病，并且在不知不觉中给那些曾经长期饮用井水的人们造成伤害。正如阿尔伯特·施韦泽所说："人们甚至还不认识自己创造出的魔鬼。"

②地球上物种的进化和演变经历了亿万年的时间，在这一过程中，它们逐渐适应了周围的环境，并与之和谐相处。自然环境中包含着各种有利和不利的因素，极大地影响着生物的形态，并指引着生物进化的方向，某些岩石会释放出有害的辐射；就连给予生命能量的阳光，也包含着伤害生命的短波辐射。生物的进化与自然的平衡所需要的时间不是一年两年，而是上千年。时间是最基本的要素，但在当今的世界里找不出充裕的时间，各种变化和新情况，都紧随着人类无暇他顾的步伐疾步向前，而不是跟着大自然的脚步从容行进。

③远在地球生命出现之前，辐射就早已存在了，它遍布于放射性岩石、宇宙射线爆炸和太阳紫外线之中。当今的辐射主要源于原子试验的人工研究。生命在做出调整的过程中所遇到的化学物质再也不是从岩石里冲刷出来和由河流带到大海里的钙、硅、铜以及其他无机物了，它们是实验室里创造的别出心裁的人工合成物，而这些物质在自然界中是无法产生的。

21. 请任选一段，概括其大意。（不超过15字）

22. 在过去四分之一的世纪里，这种能力不仅增长到了令人不安的程度，而且有了本质上的变化。这句话中"这种能力"具体是指什么？其性质发生了怎样的变化？

23. 怎样理解选文第②段最后一句话？

24. 下列对文意的理解，正确的一项是（　　　）。

A. 人类对环境最可怕的破坏是用危险甚至致命的物质造成对空气、土地、河流的污染。这种污染是无法救治的。

B. 如今地球上岩石释放的射线、宇宙射线以及太阳紫外线，逼迫生物与之适应的化学物质有钙、二氧化硅、铜以及其他矿物质。

C. 人类所导致的环境污染不仅已经侵入生物组织之中，改变了"生物的根本性质"，更为严重的是存在于生物赖以生存的世界中。

D. 化学药品是导致环境污染的元凶之一，但因其广泛应用大大提高了农作物的产量，正为人们所推崇。

25. 联系课文内容，说说标题"寂静的春天"是什么意思，作者借"寂静的春天"向世人提出了什么警告？

（二）

即使在喷药进行的第一年，就有很多野生动物和家畜死亡了。尽管如此，在没有与美国鱼类与野生动物管理局或伊利诺伊狩猎管理部门协商的情况下，化学治理还是得以进行。（然而，在1960年春天，农业部的官员在一次国会上对一项要求提前协商的法案提出了反对意见。他们委婉地宣布，这项法案没有必要，因为合作和协商是"经常性的"。这些官员根本想不起"在华盛顿层面"那些不予合作的情况。在当天的听证会上，他们也明确表示不愿意与州渔业和狩猎部门协商。）

化学防治的资金总是源源不断，但是伊利诺伊自然历史调查所的生物学家在研究野生动物所受到的伤害时却捉襟见肘。在1954年，他们只有一千一百美元用于雇佣一名现场助手，而在1955年则没有任何专门资金。尽管困难重重，生物学家们还是收集了很多事实，进而描绘出了野生动物遭受毁灭的悲惨画面——这种毁灭往往在计划刚开始执行时就已经很明显了。

26. 为文中加点字注音。

狩猎（　　　　　）　　　雇佣（　　　　　　）

27. 第二段使用了哪些说明方法？有什么作用？

**五、简答题**

28. 第十二章写道："我们在榆树上喷了药，第二年春天就听不到旅鸫的歌声了。"文中认为这显示了生态问题，为什么这样说？

29. 第十六章有这样一句话"如果达尔文活到今天，他一定会感到兴奋和震惊，因为昆虫无比坚定地证明了适者生存理论的正确性"，其中"昆虫无比坚定地证明了适者生存理论的正确性"有什么含义？

# 参考答案

## 回顾训练

**第一章　明天的寓言**

1.（1）比喻　（2）拟人　（3）对比

2.（1）美不胜收　（2）沉寂

3.①以景象巨变吸引读者的注意，有震撼力。②虽是假设，但作者并不否认其不可能存在。事实上，作者认为上面列举的一些灾祸在有些地方实际上已经出现了，悲剧有可能变成赤裸裸的现实。

**第二章　忍耐的义务**

1. "寂静的春天"是指人类滥用化学药品在杀死昆虫的同时，必将危及地球上其他生物乃至人类的生存，最终会导致春天出现"鸟儿不再歌唱，鱼儿不再跳跃于水中"的毫无生机的、死气沉沉的可怕景象。作者借此向世人提出严正警告：滥用化学药品破坏自然生态，人类将会遭到自然的强烈报复，导致自身的灾难。

2. 漫长历史中生物对环境的微弱影响与在 20 世纪中叶人类对环境的巨大改变形成对比，尚不为人们所普遍认识的滥用化学药品对自然的污染破坏与众所周知的核污染形成对比，人们对自然环境适应的缓慢与人类发明制造化学药品的惊人速度形成对比等。对比的运用有效地传达了作者所要强调的信息，突出了人类随意改变自然的可怕性，突出了滥用化学药品的巨大危害，使文章具有一种强烈的震撼力量。

**第四章　陆地之水**

1.（1）列数据　（2）作比较　（3）打比方

2. 因为地下水总是在看不见的水系里流动，或在某地以泉水的形式冒出地面，或者被引入一口井里，或补给到溪流与河水中。可以说，所有在地表流动的水都曾是地下水。因此，作者说"地下水污染就等于全部水污染"。

**第六章　地球的绿色斗篷**

1.（1）灭顶之灾　（2）洗耳恭听　（3）垂头丧气

2.①有审美意义；②为鸟类提供了食物、荫蔽和筑巢的地方；③是很多野蜂和其他传粉昆虫的栖息之地。

3. 选择性喷药和地毯式喷药。作者赞同的是选择性喷药。

### 第八章　消失的歌声

1.（1）津津乐道　（2）功亏一篑　（3）出类拔萃

2.（1）比喻　（2）拟人

3.旅鸽和其他鸟类的命运与榆树的命运联系起来写，说明了使用杀虫剂的影响及其危害。

### 第十一章　超乎想象的后果

1.不仅　还　否则

2.（1）做比较　（2）举例子　（3）列数字

3.示例：①反复接触化学药剂，即使很少量，也会使化学毒素在我们体内逐渐积累，导致慢性中毒。

②有些药品不小心溅到人身上会引起中毒，会发生抽搐甚至死亡。

③有些危险会随着顾客进入他们的家里，如有的材料加热或遇到明火可能会引起爆炸。

### 第十四章　四分之一的概率

1.（1）染色体　细胞　（2）白血病　（3）清除病原体

2.（1）√　（2）√　（3）×（"直接"应为"间接"）

3.现在人口的四分之一面临患癌的风险，表明问题的严重，以引起人们的注意，杜绝致癌物继续污染我们的食物、水源和大气，呼吁人们采取预防措施。

### 第十七章　另一条路

1.（1）化学防治法；生物防治法　（2）利用昆虫自身的力量来消灭同类

2.（1）×（"可以"错误，文中是"这些对人类影响较大的昆虫有可能都可以通过绝育技术实现控制"）　（2）√

3.家蝇数量多，采用辐射绝育法需要投放很多家蝇，会遭到人们的反对；使用绝育剂藏在诱饵里，不会对环境、人类造成危害，灭蝇效果好。

## 新题预测

### 一、填空题

1.美国；环绕我们的海洋；寂静的春天

2.DDT　3.环境问题；农药　4.古希腊　5.DDT；有机磷；有机物

### 二、选择题

6.A　7.D　8.C　9.B　10.C　11.A（"拨弄"的"弄"应读四声）

12.C（A项，"曲"应读"qū"，"场"应读"cháng"；B项，"履"应读"lǚ"，"怃"应读"wǔ"；D项，"徊"应读"huái"，"怙"应读"hù"）

13.A（半斤与八两轻重相等，比喻彼此一样，不相上下。多含贬义）

14.D

15. B（A项，一面对两面；C项，介词"和"使用不当，应改为"对"；D项，"只有……就"关联词使用不当，应改为"只有……才"）

### 三、判断题

16. ×  17. ×  18. √  19. ×  20. √

### 四、语段阅读

（一）

21. 第①段：人类对环境的改变令人不安。第②段：人类的发展无法与自然达到平衡。第③段：当今世界的变化使得大自然无法从容地做出调整。

22. 这句话中"这种能力"具体是指人类改变大自然的力量。其性质由改造大自然变为污染、危害大自然。

23. 时间是人类适应环境的最基本因素，而这个适应时间不是若干年，而是若干千年，是一段漫长的时间。人类总在不断制造新药物、新污染，人短暂的一生是无法适应世界的。

24. D（A项，范围不当，还有对海洋的污染，另外不是所有污染都无法救治；B项，范围不当，辐射还有人类拨弄原子的奇异产物等，化学物质还有人工合成物；C项，前后分句应调换才能符合原文的意思）

25. "寂静的春天"是指人类滥用化学药品在杀死昆虫的同时，必将危及地球其他生物乃至人类的生存，最终导致春天里出现鸟儿不再歌唱、鱼儿不再跳跃的毫无生机的、死气沉沉的可怕景象。作者借此向世人提出严正警告：滥用化学药物破坏自然生态，人类将会遭到自然的强烈报复，导致自身的灾难。

（二）

26. shòu   yōng

27. 做比较，列数据。说明生物防治举步维艰，也意味着化学防治规模之大，自然界和人类本身会遭受更大戕害。

### 五、简答题

28. 对柳树喷洒药物，毒素沿着树叶→蚯蚓→旅鸫的循环一步步传递，从而使旅鸫中毒而死。这反映了相互关联、彼此依赖的生态问题。

29. 人类密集地使用化学药剂，使适应力较弱的昆虫消失了，身体强壮并且适应能力强的昆虫生存了下来。